国家自然科学基金项目(72071180)
浙江省社科规划课题(20NDJC047YB)
浙江工业大学管理学院管理科学与工程学科

网站质量影响用户决策的实证研究

叶许红 周 云 卞雪婷 著

图书在版编目（CIP）数据

网站质量影响用户决策的实证研究 / 叶许红，周云，卞雪婷著. —杭州：浙江大学出版社，2021.6
ISBN 978-7-308-21528-2

Ⅰ.①网… Ⅱ.①叶… ②周… ③卞… Ⅲ.①网站—服务质量—影响—用户—研究 Ⅳ.①TP393.092

中国版本图书馆 CIP 数据核字(2021)第 119675 号

网站质量影响用户决策的实证研究
叶许红　周　云　卞雪婷　著

策划编辑　陈佩钰
责任编辑　许艺涛
责任校对　蔡圆圆
封面设计　周　灵
出版发行　浙江大学出版社
（杭州市天目山路 148 号　邮政编码 310007）
（网址：http://www.zjupress.com）
排　　版　杭州青翊图文设计有限公司
印　　刷　广东虎彩云印刷有限公司绍兴分公司
开　　本　710mm×1000mm　1/16
印　　张　12
字　　数　170 千
版 印 次　2021 年 6 月第 1 版　2021 年 6 月第 1 次印刷
书　　号　ISBN 978-7-308-21528-2
定　　价　68.00 元

目　录

第一章　网站质量研究

一、网站质量的研究背景

随着信息技术的发展，尤其是新兴技术，如移动计算、物联网、云计算等创新应用，互联网服务已经进入以用户为核心，注重个性化、交互性和社会性服务，且网站内容更丰富、更精确、更快捷的信息时代。中国互联网络信息中心（CNNIC）研究报告显示，截至 2020 年 12 月底，我国网民规模达到 9.89 亿人，互联网普及率达到 70.4%；中国网站数量达到 443 万个，中国网页数量为 3155 亿个，较 2019 年同期增长 5.9%，其中，静态网页数量为 2155 亿个，占网页总数量的 68.3%，动态网页数量为 1000 亿个，占网页总量的 31.7%。我国网络购物用户规模达到 7.82 亿人，网络购物使用率提升至 79.1%，与 2020 年 3 月相比，网购用户增长率为 9.2%（CNNIC，2020）。网络购物应用快速增长的势头推动着商家在传统渠道外积极开拓营销市场的网络渠道。企业和商家通过构建和运营高质量的网站或电子店铺来吸引客户、展示产品和提供服务。

在电子商务情境中，买卖双方时空的分离使得消费者无法通过亲身考察、体验和接触等方式来评估产品或者卖家，信息的不对称使得消费者面临着很高的不确定性(Ba et al.，2003；Pavlou et al.，2007；Sun，2006)，难以做出购买决策。在网络市场中消费者面临着信息不对称的两大主要来源，即卖家和产品(Dimoka & Pavlou，2008；Ghose，2009)，由此产生买家的信息不对称的两大来源分别是卖家不确定性和产品不确定性(Dimoka，Hong & Pavlou，2012)。高不确定性导致消费者忙于大量的信息搜寻(Dowling & Staelin，1994；Taylor，1974)。互联网越来越成为世界各地人群的信息来源，然而，随着信息网站数量和网络信息量的不断增加，人们对网络信息的记忆难度越来越大，从而影响了网站用户提取信息或知识的水平(Riaz et al.，2018)。由于有限的信息处理能力，消费者往往无法达到选择最佳产品的目的，其中一个原因是购买决定的复杂性：电子商务消费者经常被大量关于产品及其属性的信息轰炸，或者受其他消费者的评价和意见以及来自在线零售商的个性化推荐(例如亚马逊的金盒)影响。此外，令人分心的网站功能，如弹出窗口、横幅广告和动画，通常被在线零售商使用，这种分散注意力的网站特点进一步增加了消费者做出最佳购买决定的难度(Shen et al.，2020)。

网站是用户在线决策和购买行为的入口和通道。网站不仅能够传达内在的产品属性，如产品性能描述、产品图片、虚拟产品体验等，而且能够传达外在产品属性，如品牌和网站质量属性(Wells，Valacich & Hess，2011)。用户在浏览和使用网站过程中，会面临一些网站质量问题，如产品和卖家信息描述不清，网站缺乏互动性和个性化，缺乏视觉吸引力等。网站质量是网上卖家向消费者提供信息和交互功能的切入点(Kim & Stoel，2003)。随着网络的不断发展，网站质量的问题日益突出。譬如，随着互联网成为全球人们搜索和下载内容、购买商品、开展业务的平台和手段，网站等待或响应时间缓慢的情况时有发生，而网站在线等待或延时会给网络内容提供商和用户带来一些挑战，包括引起用户对网店的不满，从而导致用户放弃该网站、网站收入减少等（Chen et al.，2018）。当消费者面临高度信息不对称时，尤其面对体验型产品时，网站质量的作用尤其显著。因此，网络商家需要向消费者传递信号以表明产品和卖家的质量和可信度等，消费者使用这些信号线索来评估产品质量和卖家质量，以减少不确定性认知，帮助促进购买决策。在信息系统（IS）研究中，研究如何帮助消费者在面对复杂的网上购物时做出更好的购买决定已成为一个焦点话题（Shen et al.，2020），相关的 IS 研究主要集中在如何减少与在线购物相关的复杂性和不确定性，以及如何促进消费者有意识地提高决策质量（Shen et al.，2020）。

在传统、实体的商务中，商家使用的信号通常是品牌（Erdem & Swait，1998）、商家信誉（Chu & Chu，1994）、价格（Dawar & Parker，1994）和店铺的环境（Baker et al.，1994）等。在信息技术为中介的电子商务环境中，研究结果表明，传统信号在网络渠道中比离线的传统市场更重要（Biswas & Biswas，2004）。Watson 等（2000）认为对于电子商务网站来说，店铺环境控制了强大的一面，并能传递给消费者以便于其推断产品质量。互联网的不断发展给予网络用户极大的便利，呈现给用户的网站页面也是多种多样，研究表明，具有一定特色与辨识度的网站页面设计可以提高网站用户入口边界的感知强度，提高网站的使用价值，并在一定程度上提升网络用户的使用黏度和忠诚度等（Dunn et al.，2019）。研究表明，用户的购买决策如支付意愿能够受到消费者感知定价信息、产品价值、产品形象、网站设计、可用信息等，以及电子商务网站设计质量如企业电子图像质量、广告数字推送质量等的影响（Dennis et al.，2020）。Wells、Valacich & Hess（2011）认为网站质量可以作为产品质量的一种潜在的强大的信号，类似于商店环境（Baker et al.，1994）能作为产品质量的信号。

企业对消费者（B2C）模式正日益成为竞争的热点。消费者对搜索结果的第一印象通常被认为对他们随后的行为和态度有很大的影响（Xia et al.，2020）。以往研究表明，消费者的购买意向受到电子商务环境中各种信息系统相关因素的影响，如网站质量、网站设计和产品详细信息的显示（Xia et al.，2020）。然而，当网购平台成熟时（如天猫商城、京东和亚马逊），它们倾向于采用类似的框架和功能；它们的商店功能和可用性并没有太大的不同。因此，网络商店需要区分自己，以其独特的质量特点如在线图像质量等吸引用户，抓住用户的第一印象（Xia et al.，2020）。用于信息传播的网站通常包含要素和线索如图像等，这些信息相关或无关的图像线索能够刺激用户产生不同的情绪反应，帮助用户回忆关联信息，并用于决策过程（Riaz et al.，2018）。能够让用户正确感知到网站呈现的信息，其相应的页面能够帮助用户理解并认可呈现的内容，从而实现网站设计为用户服务的价值，是网站设计成功的主要因素（Thielsch & Hirschfeld，2019）。高质量的网站信息线索能够增强消费者购买率感知，有吸引力的社交网站能够促进用户放松和愉快反应（Tang & Zhang，2020）。在线零售商可以使用网页设计来传递他们商店的价格形象，即使是网页上某个单一特征如在线产品目录空间的设计质量也可能有特定的作用，如影响顾客对商店价格的感知（Huang et al.，2019）。

考虑到网站功能和能力的不断延伸，我们有必要更好地了解服务质量的微妙作用。以电子政务网站为例，有研究表明把控服务质量使政府能够更好地满足公民的在线服务需求，同时也能够改善公民对电子政务的整体使用情况（Nishant et al.，2019）。精心设计的慈善网站可有效地吸引用户购买和捐赠（Kwak et al.，2019）。又如出版商网站，其呈现的内容和服务有些是第三方提供的，虽然第三方内容和服务为网站用户提供了价值和效用，但可能以用户信息与第三方共享为代价（Gopal et al.，2018），因此用户对网站的信息安全和隐私保护的关注度越来越高，了解和评估网站的系统质量和功能质量等非常重要。

随着新兴信息技术的发展，网络用户不再满足于网站的最低功能或基本有用性，由此其网站和店铺的竞争力转移到如何创造一种积极完美的用户体验上（Djamasbi et al.，2011）。如何通过提高网站质量，传达产品质量、信息质量和卖家质量等的信号，以减少网络用户和消费者的不确定性感知，提高用户体验，促进用户使用决策或网购决策，这是目前电子商务和信息系统研究领域的热点和难点。

本书以网站质量为研究对象，紧扣“网站质量如何影响用户决策”这一问题，运用问卷调查和个人访谈等实证研究方法，通过对不同类型网站质量的探索，分析和评估不同类型的网站质量特征，并进一步研究和揭示不同的网站的质量对在线用户使用和购买决策的影响、作用。

本书讨论的网站质量评估和优化方案等内容可帮助企业电子商务网站和电商店铺的管理人员、网站页面设计和维护人员、网络营销人员等更加了解面向不同用户和消费者、不同使用和购物情境下的网站页面特点，了解用户和消费者在线使用、购买行为的特点和规律，通过多种方法提高网站质量和水平，优化和完善网站质量，减少网络用户和消费者的不确定性，提高用户的认知程度，增强用户的情绪体验、使用体验，进而促进用户和消费者形成更多的使用决策、购买意图和购买行为等。本书可为企业网站产品或服务提供商和管理人员在改善页面设计、提高网站质量等方面提供具体的理论指导和实践建议，因此研究具有重要的现实意义和应用价值。

二、网站质量的概念和测量

(一)网站质量的概念

网站质量是一个很广泛的概念,最初的概念是指可用性。网站质量主要指网站的特性,是消费者对网站有用性的感知(Ecer,2014)。在电子商务背景下,网站质量是指一个网站促进高效有效地购物、购买和交付产品和服务的程度(Spiros,Sergios & Vlasis,2005)。从用户的角度来看,感知网站质量是用户对网站功能满足用户需求以及反映整体网站优越性的评估(Aladwani & Palvia,2002)。因此,在评估公司网站时提供给用户认为了解一个网站所需具备的最重要的方面已经成为企业采用有效电子商务战略的重中之重(Hernández,Jiménez & Martín,2009)。

目前大量文献记载的是以问卷为基础的网站评估技术,例如用户满意度的问卷调查、网站分析和方法测量,也有研究人员用测量用户满意度对传统用户界面可用性设计的测量评估值,例如吸引力、可控制性、效率、情感因素和易学性(Kuan,Bock & Vathanophas,2008)。也有研究认为网站质量是对网站系统或网站系统所提供服务的质量的衡量(Li & Jiao,2008),驱动消费者接受是基于网站的设计、功能、安全、信息质量和服务质量的特征,依靠网络系统支持的服务质量包括可靠性、响应性和网站吸引性等。Wells、Valacich & Hess(2011)认为网站质量可以作为产品质量的一种信号,类似于商店环境(Baker et al. ,1994)能作为产品质量的信号所起到的作用。网站不仅能够传达内在的产品属性如产品性能描述、产品图片、虚拟产品体验等,而且能够传达外在产品属性如价格、品牌和网站质量属性。正如实体商店有良好的配备和门面，网站也需要一些属性如视觉吸引力、导航、安全性、响应时间等来提高消费者在线购物意愿和决策。这些网站质量属性通过网站传达产品或卖家服务的外在信息，因为一个较差质量的网站并不会改变网站上所提供产品的内在属性。

（二）网站质量的测量和评估

对网站质量的有效评估是企业和学者们关注的重要问题。许多研究都致力于网站质量的测量和评估，不同的学者对网站质量测量评估维度持有不同观点。

Loiacono、Watson & Goodhue(2002)建立了 WebQual TM 模型，从信息准确性、定制通信、信任、响应时间、易理解性、操作直观性、视觉吸引、创新性、情感吸引性、一致的象征、线上功能、相关优势这 12 个维度来进行网站质量评估。Loiacono 等(2007)认为网站的诸多特征代表了网站质量的许多方面，并设计了 WebQual，进一步从信息适合任务、交互、信任、响应时间、设计、直觉、视觉吸引力、创新型、情感吸引力、交流、交易过程、可替代性等 12 个维度来评估网站质量。Kim&Niehm(2009)认为网站质量评价包含多样的维度，网站质量评价维度可以分为如下几类：信息、安全、易用性、享乐性和服务质量。Eroglu & Colleagues(2001)提出了在线环境中网站特征的分类包括高任务相关和低任务相关的线索。高任务相关线索包括“所有能够促进和使得消费者购物目标达成的网站描述信息”(Eroglu et al.，2001)，包括安全、下载延迟和导航等；低任务相关线索包括视觉吸引力或者网站愉悦等，低任务相关的线索在创造“潜在地使得购物经历更加愉悦的氛围”方面是重要的，但是在完成购物任务方面“相对”不重要

(Eroglu et al.,2001)。

网站质量依赖于这些不同特征的存在(Wolfinbarger & Gilly,2003)。所有网站包含不同水平下的高和低任务相关线索(Valacich et al.,2007)。Yoo & Donthu(2001)设计了 SiteQual 来测量网站质量,有四个维度如易用性、美学设计、处理速度和安全性。Wolfinbarger & Gilly(2003)设计 eTailQ 问卷,包括 4 个维度,如网站设计、客户服务、可靠性/履行、安全性/保密来测量网站质量。有些学者从网站的清晰度、可信度、喜爱度和信息量等方面评估网页内容质量(Thielsch & Hirschfeld,2019)。有些研究确定了评估网站质量的维度,包括信息质量、易用性、可用性、美学和情感吸引力等(Kincl et al.,2012)。Chen 等(2015)基于新的混合 MADM 模型,从网站的技术质量、信息质量、服务质量 3 个维度对企业社会责任网站质量进行评估,主要指标包括友好交互的界面、网页链接速度、网站信息的时效性、改善用户反馈渠道等。Sun 等(2016)使用决策树的方法,基于注意力、兴趣、欲望和行为这 4 个维度得出视觉吸引、信息质量、易用性、适航性、交互性、个性化、灵活预定等 7 个属性的 AIDA 模型,分析了中国游客对旅游网站的评估。Jeon 等(2017)在住宿业的背景下,基于网站功能、客户功能体验、网站声誉 3 个维度调查网站质量、顾客感知服务质量、满意度、回报意愿和忠诚度之间的因果关系。Tandon 等(2017)将网站的服务质量概念化为导航、易于理解、信息有用性、网站设计、易用性、隐私安全、易于订购和定制,以满意度为中介变量,研究网站服务质量对回购意图的影响。

国内学术期刊对网站质量概念和测量的分析也存在诸多不同。如李君君和孙建军(2011)在技术接受度模型和任务技术匹配模型的整合基础上,从 3 个维度即信息质量、系统质量和服务质量来测量网站质量。李君君和孙建军(2009)研究电子商务网站交易阶段模型,对 298 名消费者进行问卷调查,采用探索性和验证性因子分析探讨了电子商务网站的质量维度，由信息质量、系统质量和服务质量3个维度构成。付生延(2008)采用了Wolfinbarger & Gilly(2003)研究中提出的网站质量维度。李钊、苏秦和姜鹏(2006)基于IT与软件评估理论、专家观点、客户感知质量和电子商务全面质量评估等4个方面述评了电子商务网站质量的测量和评估。殷炜琳和郑向敏(2008)基于使用者满意度研究了网站质量评价，从4个维度如信息服务、产品与服务展示、电子交易服务、链接服务进行了测量。梁君(2008)通过对第三方B2B电子商务网站来分析和设计从信息质量、系统质量和服务质量3个大维度以评估第三方B2B电子商务网站质量。

尽管目前对网站质量评估的维度还没有统一的标准，研究方法也是多元化的，但网站质量评估的相关研究中，信息系统成功模型(DM)评估网站的维度被广泛认可。De Lone & McLean (1992)在前人研究的基础上第一次提出了信息系统成功模型(见图1-1)。

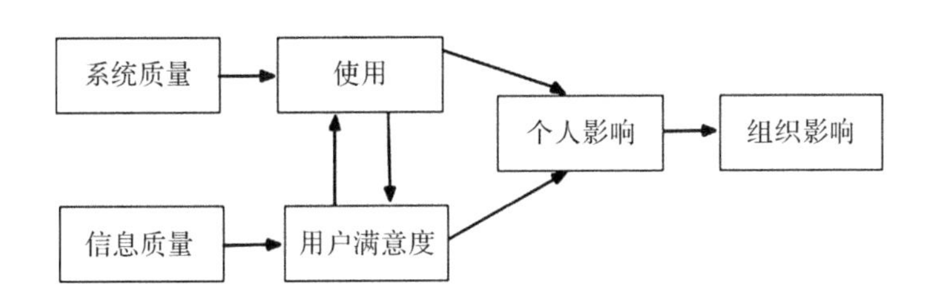

图1-1　信息系统成功模型(1992)

该模型主要反映系统质量和信息质量共同影响系统使用和用户的满意度，系统使用和用户满意度相互影响，系统使用和用户满意度直接作用于个人影响，从而对组织绩效产生影响。

后来很多研究在原始信息系统成功模型的基础上，根据自己研究的背景进行了修改和扩展。2003年，DeLone等(2003)又对原始的模型进行了修改，提出了新的信息系统成功模型(见图1-2)。

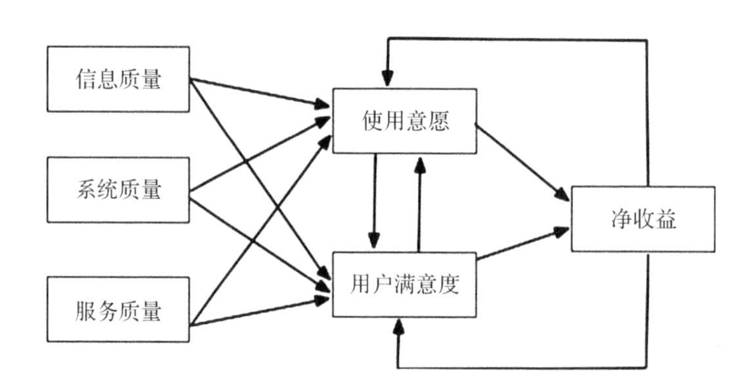

图 1-2 修正的信息系统成功模型(2003)

图 1-2 中加入了服务质量这一维度,并把个人影响和组织影响合并为"净收益"这一指标。改进后的模型主要是为了使得变量尽可能的独立,模型更加适用于互联网时代,使评价更加接近实际感知。目前,该信息系统成功模型被广泛应用于信息系统的成功评价。

三、网站质量的影响因素

近年来,一些学者将基于理性认知的用户行为模型(Kim et al.,2007)如技术接受模型(TAM)(Davis,1989;Davis et al.,1989)、计划行为理论(Ajzen,2001)、信息系统持续模型(Bhattacherjee,2001)和整合性技术接受与使用模型(UTAUT)(Venkatesh et al.,2003)引入对消费者在线购买行为的研究。应用到网络购物情境中,这些模型认为用户的购买意图、决策和行为是对该网站的感知、信念、期望、经验等做出推理和判断的理性决策过程。对刺激的认知反应指的是个人在与某刺激交互作用时发生在个人头脑中的精神过程(Eroglu et al.,2001)。

诸多学者和专家从理性认知决策的角度分析了网站质量和消费者网上购物决策和行为的关系问题。Jones & Kim(2010)研究发现网站质量的两个因素(使用质量和信息质量,视觉吸引力和图片)能够显著影响在线服装购买意图,该研究表明网站质量确实能独立影响消费者认知。一个设计清楚的网站使得消费者容易找到必要的质量信息,同时能够缓解产品不确定和低的零售商可见性对购买后满意度的影响(Luo,Ba & Zhang,2012)。Luo,Ba & Zhang(2012)通过对两个网站的大的数据收集,考察了产品不确定性和卖家可见性在消费者网络购物决策中的重要性以及卖家特征的调节作用。该研究发现高的产品不确定性和低的卖家可见度对消费者满意度有负影响。卖家的服务质量、网站设计和价格对于高的产品不确定性和低的卖家可见度的影响有重要的调节作用,尤其指出服务质量能够缓和网络市场中的低的卖家可见度和高产品不确定性的负影响作用。另外,在考虑体验型商品时网站设计能帮助减少产品不确定性的影响。Everard & Galletta(2005)认为网站质量独立影响用户对网站的认知和判断。网站质量高低程度(如视觉吸引力、导航性能、安全性、响应时间等)能影响用户对购买产品的认知评判(Wells,Valacich & Hess,2011)、情绪反应(Deng & Poole,2010)等,并进而改变用户在线购买决策和行为。消费者对网站的认知包括对其网站属性如信息、娱乐/愉悦、使用、交易能力和设计美学等的反应(Loiacono,2000;Kim & Stoel,2004;Kim & Lee,2006)。Wang 等(2012)发现网站美学吸引力能够决定消费者的满意度。Tractinsky & Lowengart(2007)认为消费者对网站的美学认知包括情绪,并影响消费者态度以及购买决策。Hoffman & Novak(1996)宣称一个设计良好的界面能提高冲动购买可能性。Wolfinbarger & Gilly(2003)论证了一个设计良好的网站和增强购买行为之间的显著相关关系。Nielsen(1999)发现网页界面设计上微小的差异能影响网上购买决策水平。网站设计中的图片吸引力、导航设计等能够影响用户参与度的变化并进而影响用户的态度变化(Cyr et al.,2018)。Zhou、Lu & Wang(2009)从网站设计质量和服务质量的角度研究消费者在线重购行为。Everard & Galletta(2005)研究表明当传达相同产品内在属性时,不同水平的网站质量能影响消费者在线购买意图。Gregg & Walczak (2008)等研究了网站设计质量对网络卖家信任和其购买意图的影响。Lowry等(2008)研究分析了网站质量如何影响消费者对品牌的相关认知。付生延(2008)基于理性行为理论,探讨了网站质量对网络购物满意和忠诚度的影响。刁雷雨、王喜成和卢小珍(2010)从网站的内容、外观和导航等3个方面分析网站可用性对消费者购买意愿的影响作用。吴佩勋和黄永哲(2006)以中国电信电子商务网站为例,实证研究得出网站使用的简易性和良好的网站服务质量能够增强客户信任从而影响客户购买意愿。林振旭和苏勇(2008)研究认为网站特性通过正向影响消费者的品牌信任与品牌经营从而正向影响消费者的网络购买意图。常亚平等(2011)研究了在线店铺设计,将在线店铺功能窗口划分为7个群:资源便利、交易可靠、邮件促销、便利服务、个性化、促销、公开信息;该研究认为资源便利、交易可靠、邮件促销、便利服务对购买意愿有显著影响,其中资源便利和交易可靠是主要影响因素。网站质量被认为是影响用户满意度的重要属性,从而影响用户的使用意愿,最终直接影响企业运营的有效性(Zhou et al.,2018)。网站内容的呈现可以让用户产生主观感知并影响用户的评价、后续的使用态度和行为结果(Thielsch & Hirschfeld,2019)。有些学者(Nishant et al.,2019)借鉴理性选择理论(RCT)构建了信息系统(IS)服务质量预期和感知与电子政务网站持续使用意向相关联的研究模型,运用多项式模型和响应面分析进行实证研究;其结果表明对电子政务网站而言,信息系统服务质量预期和感知与用户继续使用意向正相关。

然而在现实中,网站质量或网站特征的理性认知常常并不足以让人们做出正确评估，继而进行后续行为决策。决策研究认为，人类对信息的处理和决策具有复杂性，除了认知因素外，还依赖于一个关键因素——情绪的作用。决策研究认为认知收益和情绪收益共同影响决策制定（van der Heijden，2004；Ortiz de Guinea et al.，2009），情绪能够解释用户行为方差的重要部分（Sun & Zhang，2006），情绪是行为的非常关键和重要的影响因素（Peters，2006）。大多数信息技术采纳和使用研究文献侧重于人类决策过程的认知行为方面，较少关注情绪/情感或用户感觉因素等的影响（Kim et al.，2007）。以往电子商务领域对网站设计质量的研究大多将其作为信任、使用和在线购买意图的前提变量，而较少考虑情绪上的分析和研究（Deng & Poole，2010）。近年来越来越多的研究学者逐渐关注和情绪、情感等相关的问题。消费者对网站的交互作用能导致认知和情感反应。情感反应抓住了个人在与环境交互中产生的情绪反应（Sun & Zhang，2006）。当在线用户访问一个网站时，将同时有认知和情感反应。认知反应与交互作用的评估有关，而情感反应更多地与这种交互作用的情绪方面有关。与网站交互过程中所体验的认知和情感反应将最终决定某种响应。情感反应反映出消费者与一个网站交互中所体验到的愉悦感。认知愉悦被发现作为一种稳定和良好构建的模块来测量对环境的情感反应（Koufaris，2002）。Deng & Poole（2010）设计了一个行为实验研究来考察验证用户最初接触到的网站页面特点能引发初始情绪反应（如愉悦和唤醒）并进而直接影响用户后续行为。又如陈洁、丛芳和康枫等（2009）从“心流体验”（Flow Experience）视角探索影响在线消费者购物行为，认为网站设计维度、表现维度、消费者自身维度和网站内容维度都会显著影响在线消费者心流体验，从而导致消费者增加无计划的购买数量以及增强重复购买的意愿。还有些研究认为高质量的网站设计能够促进用户情绪，提高用户对网络信息的记忆（Riaz et al.，2018）。

现有研究增进了人们对网站质量和用户与消费者网络决策之间关系的理解，但对于网站质量如何影响用户使用决策或消费者网购决策和行为的深层次机理问题，现有结论不尽相同，学术界也存在争论，需要进一步研究。

(1)网站质量如何通过认知反应和(或)情绪反应来影响用户决策以及认知反应和情绪反应之间的相互关系存在分歧。一些学者认为用户的购买意图、决策和行为是对该网站的感知、信念、期望、经验等做出推理和判断的理性决策过程，故从认知角度分析网站质量和网购决策之间的关系(Wells et al.,2011;Gregg et al.,2008;Lowry et al.,2008)。另一些学者认为人类对信息处理和决策具有复杂性，除认知因素外还依赖另一个关键因素——情绪的作用(van der Heijden,2004;Ortiz de Guinea et al.,2009;Peters,2006)。对网站质量和情绪相关的研究有 Deng & Poole(2010)、陈洁、丛芳和康枫等(2009)等。

(2)总结在用户决策和行为分析中关注于和情绪、情感等相关问题的研究，其观点也存在一些不同，大致可分为两大类：①用户的行为意图是理性分析和情感反应的混合作用的结果。如 Sun & Zhang(2006)指出情感反应和认知反应在个人和网站技术的整个交互过程中都能够相互影响，并共同决定用户的行为意图，进而影响实际使用行为。文献如 Ma & Wang(2009);马庆国等(2009)采用情景实验的方法考察不同的研究情境，验证了积极情绪对用户信息技术采纳意向有显著正向影响。②情绪不通过意图影响能直接促进用户使用行为(Ortiz de Guinea et al.,2009)，比如 Deng & Poole(2010)的研究。

(3)网站质量、网站的主要信息属性和用户个体特性、产品特性的交互影响作用有待进一步研究。Wells,Parboteeah & Valacich(2011)、Youn & Faber(2000)、Hertzog & Nesselroade(1987)等认为仅仅考虑环境因素或网站质量/特征对消费者网络购物决策和行为的影响只是获得了对网站质量的有限认知，呼吁更多学者使用一些受控方法并精炼理论来研究个人特性和网站线索的交互效应。Wells 等(2011)认为网站质量对所有消费者来说是重要的，并且和消费者个人特性如高冲动型消费者也是有关联影响，Parboteeah，Valacich & Wells(2009)研究了网站特征对在线冲动购物的研究，并指出未来研究应当用实际购物行为作为因变量来分析模型。还有Weathers 等(2007)发现网站沟通实践在搜索型商品和体验型商品中存在差异影响。Huang 等(2009)研究发现消费者在搜索型和体验型商品的信息搜寻模式方面存在重要的差别。

网络环境和电子商务情境的复杂性使得对网站质量的分析、测量和评估需要根据其经营模式、提供产品或服务类型、具体模式下用户和消费者需求等多种综合因素来考虑。对国内不同类型网站质量和特征的分析、评估和研究，构建合适的具体的质量特征测量有助于丰富和完善网站质量理论，也帮助企业或个体通过提高网站质量来减少网络用户和消费者的不确定性，完善用户的使用体验，进而促进用户的购买决策增强，以增强网站或网店的竞争力。

第二章 在线健康医疗网站研究

一、在线健康医疗网站质量研究概述

(一)研究背景

目前,我国的医疗卫生资源无论是在总量上还是在人均上,与发达国家相比,仍然有不小的差距,卫生发展相比于经济发展而言,落后不少。医疗健康产业增加值在美国、加拿大、日本等国家的GDP中所占的比例均超过10%。然而医疗健康产业增加值占我国GDP的比例不足5%,这个比例不仅远远低于美国、加拿大以及日本等发达国家,甚至落后于部分发展中国家(姚依宏等,2015)。老百姓以有限的收入被动地支撑着迅速膨胀、高度市场化与国际化的医疗卫生服务,“看病难、看病贵”问题成为阻碍我国医疗服务市场健康发展的难题。造成这一问题的根本原因是医疗服务供给增量无法满足过快增长的医疗服务需求,问题主要体现在医疗资源总量不足和医疗资源分布失衡、医疗服务的社会公平性差这两个方面。根据2018年中国卫生健康统计年鉴统计数据，截至2017年，我国三级医院数量占中国医院总数的7.53%（其中三级甲等医院占比4.38%），而其诊疗人次却占比50.2%，一级医院占中国医院总数的32.36%，其诊疗人数仅占比6.46%。此外，从三级医院的地区分布来看，东部占了近47%，而中部和西部分别占约26%和27%。这些数据反映了我国医疗资源从就诊安排和地区分布上有着明显的分布失衡现象。

与此同时，互联网时代下，健康医疗网站成为用户获取健康医疗信息和进行医疗咨询的重要平台（Nettleton et al.，2003），人们在网上搜索医疗信息并且发布有关他们健康状况的内容，通过在线健康社区，病人们进行经验交流，医生可以通过互联网医疗平台进行远程诊断等。在线健康医疗服务有别于一般的线下医疗，它是指利用互联网技术向用户提供多种形式的健康医疗服务。它的出现方便了医生和患者，是对传统医疗服务的扩展，并非对传统医疗的取代（Pandey et al.，2003）。在线健康医疗网站的产品通常分为两大类：一类是面向患者端的在线健康咨询、预约挂号、疾病管理和在线药房等。其中在线健康咨询是指患者通过健康平台向医生描述自己的症状，医生根据专业知识和医疗经验向患者提供初步诊断结果和建议；预约挂号是指患者去医院就诊前借助在线健康医疗平台查找医院、预约医院专家门诊等，这样患者就不需要花大量时间去现场排队挂号；疾病管理是指患者通过在线健康医疗网站建立自己的电子档案，实时记录自己的健康状况，更好地管理自己的慢性疾病。在线药房是指患者通过健康医疗网站选购药品，无须去医院或者药店购买，直接送货上门；此外，在线健康医疗社区也是患者常使用的平台，有相似病例的患者在健康医疗社区内进行就医经验的分享，获得精神上的安慰。还有一类健康医疗网站的产品是面向医生群体的，主要包括在线健康咨询诊断、医生服务等。其中在线健康咨询诊断是指医生通过网络与患者进行病况的沟通，提供随诊、跟踪等服务，方便医生管理患者信息；医生服务是指为医生提供的业内专家讲座、重大新闻、医生病例讨论社区以及能够提高医生技能的医疗知识的课程等服务（2018 年互联网医疗行业研究报告）。

基于互联网技术的在线健康医疗服务，能够给用户带来众多的优势。首先，它可以优化就诊流程。对于患者来说，可以在网上进行挂号、问诊咨询，节约了很多时间；对于医院来说，预约挂号的互联网化可以提升运行效率，从而提升患者满意度，也减轻了医生的负担。其次，它海量的医疗数据可以给社会带来一定的财富。患者基于自身的健康数据和健康干预进行自我健康的正确管理；医生可以利用医疗数据学习医疗知识和辅助诊断病患；医药企业可以根据治疗数据进行药物研发和精准营销等。此外，它在医疗资源配置上起到了重要作用。通过互联网医疗，时间上，医生可以利用闲置时间进行线上诊断；空间上，医生可以进行远程会诊等。总而言之，在线健康医疗网站为医患交流、患者健康管理、医生提升学术知识提供了方便的途径，一定程度上弥补了我国分布不均的医疗资源与日益增长的医疗健康需求之间的巨大缺口。所以近年来国家也在积极推进互联网医疗的发展，2018 年国务院办公厅在《关于促进“互联网＋医疗健康”发展的意见》中指出，在现阶段我们要大力发展基于互联网的医疗、健康等新兴服务模式，这种模式的载体是互联网，并且能够提供线上线下互动，支持医疗卫生机构、符合条件的第三方机构搭建互联网信息平台，开展远程医疗、健康咨询、健康管理服务等。

据相关统计，2011 年在线健康医疗步入市场后，在国家政策、信息技术和用户需求的多重推动下，截至 2016 年 9 月，已经有 1134 家企业提供在线健康医疗服务，如“好大夫”“春雨医生”“寻医问药”“阿里健康”等，这些在线健康网站已成为人们寻求健康医疗服务非常重要的渠道（马聘宇，2018），然而在发展的过程中在线健康网站也暴露出诸多的质量问题。首先，用户的隐私安全问题。用户在使用在线健康网站的过程中会涉及个人信息的暴露，包括联系方式、病情信息、支付信息等，这些信息一旦泄漏，轻则用户经常收到垃圾短信和电话，重则影响用户的心理健康和带来经济风险。其次，在医患交流中，还会存在误诊的可能性，当用户进行在线健康咨询时，医生主要根据患者对自己症状的描述和一些病例信息进行初步诊断，实际上无法反映患者的真实病况，因此可能会造成误诊，对患者的身心和疾病带来不好的影响。此外，在线健康网站上的信息来源不可靠、内容和广告混杂等使用户难辨真伪，轰动一时的2016年"魏则西事件"就存在医疗信息误导因素。另外有些网站存在功能不足、信息少而不全，信息实用性和专业性较弱等，无法给用户提供真正的健康医疗价值诉求等问题。由此可见，在线健康医疗网站的出现虽然存在一定的优势，但是由于它是互联网时代的新型产物，所以还存在很多问题有待解决。国家也在号召规范发展"互联网＋健康医疗"，2016年《国务院办公厅关于促进和规范健康医疗大数据应用发展的指导意见》指出要规范和推动"互联网＋健康医疗"服务，提升健康医疗服务效率和质量，不断满足人民群众多层次、多样化的健康需求。

综上所述，借助互联网的优势，在线健康医疗可以节约医疗成本，突破地理限制，缓解医疗资源分布不均衡的问题。但是其也存在诸多问题，比如无法满足用户真正的健康诉求，并且存在同质化严重、用户黏性低等现象，高质量的在线健康医疗网站服务需求日益迫切。对于在线健康医疗网站而言，为了提高健康医疗网站质量和满足用户多样化的需求，一是要从自身出发，保障用户隐私安全、提供高质量的健康医疗信息和专业的医疗服务等；二是要从用户出发，分析了解用户不同类型的需求。那么，如何对在线健康网站的质量进行有效评价？如何针对用户需求设计高质量的在线健康网站服务产品和功能，从而优化用户体验，提高用户黏性？这些问题已成为保障我国在线健康医疗网站可持续发展和提高人们健康水平的重要关注点。因此，本章研究一方面是从不同维度去评价在线健康医疗网站的质量，分析用户的持续使用意愿；另一方面是分析用户对不同维度下网站质量属性的需求差异。

（二）研究意义

本章研究从评价网站质量和分析用户需求的角度出发，建立以“用户为中心”、基于“系统质量、信息质量、服务质量”三个维度的在线健康医疗网站质量评价体系，并细化分析用户对网站各维度的需求程度，对于深化在线健康医疗网站质量管理以及促进网站的有效发展具有较强的理论意义和现实意义。

1. 理论意义

首先，借助信息系统成功模型对在线健康医疗网站质量的维度进行划分，从“系统质量、信息质量、服务质量”这三个维度深入分析评价影响在线健康医疗网站质量的重要因素，构建了一套基于用户视角、尽可能全面反映医疗网站质量的评价指标体系，为以后健康医疗网站质量评价方面的研究提供理论参考。

其次，本章结合期望确认模型（ECM）的内在机理分析网站各质量属性对用户持续使用意愿的影响，在一定程度上既丰富了国内对于在线健康医疗网站评价和用户持续使用意愿方面的研究，又对期望确认模型进行了外延性应用的创新。

最后，本章在考察网站质量对用户持续使用意愿的影响的基础上，结合

KANO模型，从具备程度和满意程度这两个维度出发，分析用户对在线健康网站各质量属性的需求程度，拓展了用户持续使用行为研究的广度和深度，为学界对在线健康医疗网站质量要素的研究方面提供了新思路和理论支持。

2.现实意义

首先，指导运营商科学地管理在线健康医疗网站。在线健康医疗网站是根据用户对健康医疗的相关需求，结合现有资源提供相关的服务产品和功能的，若满足不了用户真正诉求，就只会流失用户，影响网站的运营绩效。本章研究可以帮助网站运营者从用户的角度来关注网站质量有关的各项问题，认识到自己网站建设的不足，加大对重点领域的投资，更加科学地为广大用户提供健康医疗服务产品和功能，设计真正满足用户需求的健康医疗网站，优化用户体验，提高用户满意度，增强用户黏性，从而提高网站的运营绩效。

其次，帮助用户评估和选择在线健康医疗网站。面对各种类型的健康医疗网站，用户不知道用哪些标准去评判网站的好坏，也不知道哪些网站是适合自己的。本书运用多维度视角对在线健康医疗网站的质量进行评价，各质量维度的评价指标可以帮助用户对自己使用的相关网站进行评价，从而选择适合的健康医疗网站进行健康咨询等服务。

最后，有利于医疗行业的可持续发展。在医疗资源配置失衡、老百姓就医难的背景下，互联网医疗的科学发展显得尤为重要。本章可以指导在线健康医疗网站科学规范地发展、提供更多专业化的服务，用户们会相信互联网医疗带来的优势，在满足更多用户的需求后，偏远地区的人们也能享受到优质的三甲医院等级别的医疗服务，无时间及时就医的人们也可以安心在网上问诊等，这在一定程度上可缓解就医难的问题，有利于医疗行业的可持续发展。

（三）研究内容

在线健康医疗网站是“互联网＋医疗”的典型产物，国家正积极号召该类网站的可持续发展，不过它在方便人们的同时也存在诸多问题，质量不高和用户黏性低是关键问题所在。针对在线健康医疗网站质量问题和用户持续使用意愿，本章主要从以下几方面进行研究，以补充过去关于在线健康医疗网站质量和用户持续使用意愿方面研究的不足之处，也拓展了经典的用户行为理论。

过去对在线健康医疗网站质量的评估大都是关注于信息质量，随着健康医疗网站的发展，网站提供的功能也多元化，不只限于信息层面，所以研究的结论有局限。基于此，我们首先对网站质量评估的维度和指标进行了阐述。其次对在线健康医疗网站质量评估的内容和方法进行了梳理和阐述，并借鉴以往对网站质量评估的划分维度，对在线健康医疗网站质量评估的维度和部分指标进行了选取，旨在从用户的视角尽可能全面地评价健康医疗网站的质量。最后，针对在线健康医疗服务质量模块的评估，我们先对线下健康医疗服务质量的概念和评估内容进行了详细的阐述，再对医疗服务质量评估的指标进行详细陈列，进而引出在线健康医疗服务质量的评价指标。

用户持续使用意愿是近年信息系统领域学者们比较关注的议题，本章首先对用户持续使用意愿的概念和研究的必要性进行阐述。其次，梳理以往研究影响用户持续使用意愿的因素和理论模型，选取期望确认模型来分析用户持续使用健康医疗网站的意愿。最后，对期望确认模型的概念和使用背景进行了详细的介绍，在此模型的基础上结合网站质量评估维度去分析对用户持续使用意愿的影响。

只有分清用户的需求差异才能科学有效地给用户提供服务，故本章在评价网站质量和用户持续使用意愿研究的基础上进一步分析了在线健康医疗网站各维度的质量属性在用户心中的需求程度。首先，本章阐述了用户满意度和需求分类的必要性，接着指出用户满意度和需求分析的工具——KANO 模型。其次，本章对 KANO 模型的概念和使用方法进行了详细的介绍。最后，本章借助 KANO 模型分析了用户对在线健康医疗网站质量的满意度和需求差异。

（四）研究方法

本章研究的是在线健康医疗网站质量相关的因素对用户持续使用网站意愿的影响，涉及消费者心理学、信息系统使用的相关理论，主要采取定性分析和定量分析相结合的研究方法，即文献分析法、个人访谈法和问卷调查法。

1. 文献分析法

通过阅读和梳理国内外学者对于在线健康医疗网站质量评估内容、网站质量测量与评估维度、用户持续使用意愿等相关的文献，总结主要的研究内容和理论成果，确定在线健康医疗网站的评价维度和具体质量属性，寻找与本书相关的理论和模型，确保本书变量假设和概念模型的科学性和可行性。

2. 个人访谈法

研究调查问卷的问项设置主要参考了国内外学者的文献，在已有的相关量表的基础上结合本书的背景进行了适当的修改。为了保证本书量表具有科学性和合理性，在问卷设计初期进行了相关人员的个人访谈，主要访谈对象是相关领域的专家、研究团队成员以及使用过在线健康医疗网站的学生群体等。主要针对问卷内容进行咨询和探讨,包括变量的定义、英文量表的翻译、问项的易理解性、问卷的结构等。

3.问卷调查法

本书的问卷有两份,一份是基于概念模型和假设设计的用户持续使用意愿研究的问卷,另一份是针对用户对健康医疗网站质量属性的需求程度设计的。

第一份问卷是根据本书研究所提出的概念模型和假设,结合相关文献已有的问项,编制量表,形成调查问卷。再结合专家和用户等建议对量表进行修改,确立正式调查问卷。最后,确定调研的范围和对象,发放并回收问卷,收集所需要的数据。对于该问卷收集到的数据,本书采用 SPSS 24.0 进行描述性统计分析,结合 SmartPLS 3.0 进行信度效度分析和结构模型验证、路径分析,并使用 SPSS 中的宏程序 PROCESS 进行中介效应分析。

第二份问卷是基于第一份问卷中提出的健康医疗网站各维度下的质量属性,从具备程度和满意程度两个维度出发进行的用户需求调研。对于收集到的数据,本书利用 KANO 模型进行分析。

二、在线健康医疗网站质量文献综述

(一)在线健康医疗网站质量的评估

随着互联网医疗的发展,近年来评估在线健康医疗网站质量的研究越来越多。本研究通过文献阅读发现国内外该类研究多侧重于评估在线健康医疗网站的内容层面，即网站的健康信息质量，较少考虑外在属性评价。国外对健康网站质量问题的研究起步较早，Piero Impicciatore 等(1997)针对儿童发烧家庭护理网站的质量进行了评估，发现该网站上的内容可信度不高。在此之后，关于健康网站质量评估的研究开始展开。大部分相关研究是采用健康网站评估标准/工具对在线健康医疗网站内容的可读性、相关性、准确性、时效性等进行评估，被广泛应用的工具有 HONcode、Michigan Checklist、Discernd、Lida 等。国内对健康医疗网站质量评估的研究稍微晚些，主要是对国外健康网站评估的总结对比，以及通过一定的指标体系对健康网站质量进行评估，如张玢等(2003)从关键机制、评价标准、运营费用和影响效益等 4 个方面对国外 10 个著名的互联网医学信息质量的评价工具加以分析比较，阐述了评价工作存在的问题及其发展趋势。邓胜利等(2017)采用内容分析法将近年国外学者对在线健康医疗网站的信息质量评价研究从其评价领域、评价过程、评价标准、评价工具和评价结果方面进行了详细的综述。高琴(2010)参考和借鉴国外健康医疗信息评价的研究工作，结合层次分析法和专家征询法等的综合评价法，从网站的内容、网站的易用性等对中文医疗健康信息网站进行评价和分析，为中文网络医疗健康信息资源的利用及网站建设提供参考。

总的来说，国内外对健康医疗网站内容的评估方法和指标比较还没有形成一个标准的体系。相关评估内容和方法(见表 2-1)。

表 2-1　健康医疗网站内容评估的方法和指标

评估内容	评估方法	研究者
信息的权威性及保密性、资料可靠性、信息的合理性、详细的网站联系方式、公开资金来源、广告政策	HONcode 评估标准	陆春吉等(2016)

续表

评估内容	评估方法	研究者
信息内容的权威性、全面性、时效性、准确性，网站的检索技术、管理技术、效益性等	层次分析法	许卫卫等(2012)
信息资源可靠性	链接分析法	张晗等(2005)
信息的有用性、结构设计、准确性、可靠性	4 点评分系统	Ellamushi H et al. (2001)
网站的清晰度、用户可操作性、一致性	基于启发式原则和 HONcode 标准的专家评估法	Alexander et al. (2014)
科学性、易用性、有用性	推荐力量分类法(SORT)	Spencerd et al. (2014)
信息披露、信息来源、广告政策、网站属性	JAMA 评分系统和健康网络基金会(HON)认证	Chumber et al. (2015)
网站可信性、交互性、美观性、内容可用性	编码系统	Athanasopoulou et al. (2013)
网页资信度、内容完整性	统计分析	刘鹏程等(2010)
网站的完整性、准确性	DISCERN 评估工具	钟乐等(2010)

大部分评估分析表现为健康信息质量结果良莠不齐，存在可信度和准确度不高、网站设计不当、操作性差、内容与主题无关、不易搜寻和阅读等不足。近两年来，随着在线健康医疗网站服务的多元化发展，用户的需求不再只是健康信息搜索，更多的医患交流服务模块相继上线。对在线健康医疗网站质量研究的视角也拓宽到服务质量层面，包括医患关系、社

区用户关系质量等影响因素的研究。Naiji等(2016)从技术质量和功能质量两个维度衡量卫生服务的质量，研究了这两个维度之间的相互作用如何影响患者的选择，此外，还尝试根据患者的特征(例如疾病风险)来研究不同服务质量维度对患者选择的影响。Jung等(2015)利用文本挖掘技术来检测在线健康社区中影响服务质量的关键因素，并应用情绪分析来识别在线健康社区内发布的消息中的推荐类型。James等(2017)利用数据挖掘技术从在线医疗网站上爬取患者对医生服务的大量文本反馈，并将文本评论与其数字评分联系起来去研究患者和医生的感知服务质量。Nambisan等(2016)研究患者在这些在线社区中的互动情形，分别从社会支持和响应能力两个维度去评估患者对在线健康社区服务质量的看法。张星等(2016)从信息系统成功模型与社会支持的角度，以用户满意度和社会归属感为中介变量，研究了影响在线健康社区用户忠诚度的关键因素。陈星等(2016)基于计划行为理论和隐私计算理论，分析了在线健康信息服务的用户感知收益(包括个性化服务和情感支持)和感知成本(隐私关注)对其信息披露态度的影响，以及信息披露、互惠规范和知觉行为控制对其信息披露意愿的影响。

在线健康医疗网站质量评估方面的研究，起初多关注于网站内容方面的质量，随着网站服务的发展，对网站质量的评估视角也拓宽到服务质量方面。但是多维度评估健康医疗网站质量的研究还较少，因此为了尽可能全面地评价健康医疗网站的质量，本书研究将从多个维度选取指标评价健康医疗网站。

网站质量可以作为产品质量的一种信号，类似于商店环境能作为产品质量的信号所起到的作用(Wells et al.，2011)。同理，在线健康医疗网站的质量也是影响患者满意度的重要因素，为了更好地服务大众，对在线健康网站质量的测量和评估是必不可少的。网站质量评估方面的研究，大部分研究是采用定性和定量相结合的方法，根据一定的维度和指标对网站的质量进行评价，基于这些研究，本书参考信息系统成功模型对网站质量划分的维度去评价健康医疗网站的质量，并在每个维度都选取了细分的评估指标。系统质量维度，本书参考其他网站质量评估的指标，选择隐私安全、可访问性、易用性来评估，信息质量维度，选取可信度、时效性、准确性来评估。由于服务质量对健康医疗网站而言是比较特殊的一块，所以本书又进一步对线下健康医疗质量评估的研究进行了阅读，从而选取健康医疗网站服务质量维度的测量指标。

（二）健康医疗质量的概念及评估

1. 健康医疗质量的概念

健康医疗质量是指“使用合法手段达到预期目标的能力”，其中所期望的目标意味着“可实现的健康水平”（Fatima & Humayun，2018），具体表现为“诊断是否及时正确，治疗是否有效，疗程周期的长度，有没有因为医疗过失而给患者增加不必要的负担”（邱卫路，2006）。美国 OTA（Office of Technology Assessment）在 1988 年提出：“健康医疗质量是指利用医学的知识和技术，在现有条件下，就医过程中增加患者期望结果和减少非期望结果的程度。”美国国家医学会对健康医疗质量的定义为：在当前的医疗专业技术水平下，对患者进行诊断时，能够尽可能达到的理想健康产出的程度（刘攀，2013）。

而随着社会的发展和人们生活水平的提高，健康医疗质量的内涵也变得多元化，除了考虑医疗技术水平，还要考虑其他的服务要素及技术要素、人文要素、环境要素（邱卫路，2006）。陈民栋等（2002）认为健康医疗质量不仅要从生物学质量指标上体现，而且要从人的整体的生物—心理—社会因素的结合上进行评估。Kondasani & Panda(2015)认为服务质量是“消费者对组织及其服务的相对劣势/优越性的整体印象”，它通常被视为一种结果。那么在健康医疗的特定背景下，健康医疗是一种特殊的服务类型，它需要满足顾客的生命与健康需求，健康医疗质量的高低直接关系到患者的安危(陈云杰，2013)。总的来说，健康医疗质量是医院医疗效果的综合体现，是医疗服务市场重要的竞争因素，对医院的发展与医疗事业的发展都有重要的意义。

2.健康医疗质量的评估

提供优质服务是服务业成功的关键，在当前竞争激烈的时代，监管和提高服务质量对于提高效率和业务量至关重要(Meesala & Paul，2018)。在制造业和服务业，质量改进是影响消费者满意度和消费者购买意愿的主要因素(Oliver，1980)。在健康医疗行业，评价医院医疗质量是改善医疗质量的关键环节，是医院管理中的核心内容。

对于健康医疗质量的评估，国内外学者已经有了不少研究。我国传统的医疗质量评价体系采取三级医疗质量评价制，主要包含医疗基础质量、医疗环节质量和医疗终末质量等内容，评价方法主要侧重于利用统计指标评价医疗服务质量，集中在治疗技术方面，不太关注就医环境和就医服务等(卢玮，2007)。比如，卜让吉等(2007)结合医院的统计年鉴数据，根据治愈、好转、未愈、死亡人数，应用 Ridit 法对医疗质量进行评估分析。徐萍(2011)应用 CRITIC 法，对各个科室的门诊人次、出院人数、治愈好转率等指标的数据进行计算，来衡量各科室医疗工作质量，为医院的经营管理提供参考依据。

在医疗行业，患者始终是整个就医过程的核心，因此患者对就医的满意度，对于衡量医疗机构的医疗水平具有重要的作用和影响。如何合理地获得患者对于健康医疗的满意度感知，进行健康医疗质量的评价，从而有效地提高医疗质量，提高患者就医满意度，也是我们需要关注的。识别和理解对于患者这一重要的质量维度是提高医疗质量的基础，从业者们和学者们正在努力了解患者的需求。

研究人员的视角从医疗技术效果扩展到服务态度、就医环境、患者参与的感受等。张群祥等(2011)基于多粒度非平衡语言信息，对技术水平、服务态度、医德医风、医护查房这四个方面，通过粒度转换函数进行一致化处理，有效处理医疗服务质量评价中的模糊而定性的信息，对医生医疗服务的优劣进行评价和排序。其中，由美国营销学家派拉索拉曼(Parasuraman)在1980年提出的SERVQUAL(服务质量)模型是服务质量评价的研究中用得比较广泛和成熟的模型。它是从顾客期望与实际感受的角度出发，评价、预测顾客的服务需求，是考察现有服务质量的一种较为客观的评价方法。该评价模型主要从有形性、可靠性、响应能力、保证性、同理心这五个维度来衡量消费者对所提供的服务质量的期望和看法之间的差距。这五个维度主要表现为：

有形性：指服务能够被用户直观看到的部分；

可靠性：指准确无误地完成向用户所承诺的服务的能力；

响应能力：指随时为客户提供快速、高效服务的意愿；

保证性：指服务人员所具备的文化程度、个人修养以及使用户感受到其能胜任工作的自信与可信的程度；

同理心：指服务人员能够站在用户的角度去关怀用户，并为用户提供个性化的服务。

近年来，国内外把SERVQUAL引入医疗领域的研究逐渐增多，很多学者在此模型的基础上，形成了自己研究背景下的测量维度，比如隐私安全、服务成本、公平性等，具体的研究维度如表 2-2 所示。

表 2-2　基于 SERVQUAL 模型的线下医疗服务质量测量指标

测量维度	研究者
有形性、可靠性、响应能力，可信度，安全性，访问，沟通，成本	Taner & Antony(2006)
同理心，有形性，可靠性，行政反应能力和支持技能	Jabnoun & Chaker(2003)
员工沟通和可靠性，保证性，输出质量，医院环境	Amole et al. (2016)
护士的技术和人际关系能力，医师的人际交往能力，医师的技术能力，结构特征	Raftopoulos(2010)
医护人员的专业能力和人际关系技巧，医疗费用，环境，食品质量和行政服务	Angelopoulou et al. (1998)
专业知识、互动沟通、专业效率、可靠性、技能、设施、收费程序等	Zifko-Baliga & Krampf(1997)
可靠性、信任感、有形性、服务人性化、有效性、响应性、经济性	牛宏俐(2006)
有形性、可靠性、响应性、保证性和移情性、费用可接受性	杨佳等(2006)
有形性、可靠性、响应性、保证性和移情性、经济性	王淑翠等(2015)
时间性、安全性、有效性、经济性、社会性、保密性	陈民栋等(2002)

此外，Kettinger 等(1997)指出 SERVQUAL 也可以作为衡量信息系统服务质量的工具，并且逐渐被应用于测量信息系统的服务质量。在有关互联网服务质量的相关研究中，Weng(1999)提出，评价互联网数据库服务质量的维度包括响应性、同理心、保证性、可访问性、内容、可靠性和准确性。Ong(2000)也提出用于测量预期互联网服务质量的维度包括基本服务、响应性、保证性，同理心和可访问性。国内学者彭安芳(2013)指出衡量信息系统服务质量的 SERVQUAL 是基于服务科学的网络信息资源质量评价方法，多借鉴行为研究和信息系统科学的相关理论，通过采纳感知质量的概念，构建网站质量的测量量表。

综上所述，线下医疗质量的评估从一开始的多注重于技术水平和治疗效果，逐渐重视医疗服务过程中的患者满意度，因此 SERVQUAL 模型一方面被广泛用来评估线下医疗服务质量，另一方面 SERVQUAL 模型也可以用于信息系统领域，并得到多方的认可。所以本书基于 SERVQUAL 模型的评估指标，结合健康医疗网站的服务特点选取了可靠性、响应性、同理心作为评估健康医疗网站服务质量的指标。

(三)用户持续使用意愿研究及理论

1.用户持续使用意愿研究

使用意愿一般指用户是否有购买某种产品或者使用某种服务的欲望，用户的行为意图通常可以被视为回购意图、口碑相传、用户忠诚、抱怨行为以及对价格的敏感度(Duartedeng et al.,2018)。消费者的行为一般按照次数可以分为初次消费和持续消费，那么，信息系统的使用也包括两个阶段：初次接受使用和持续使用。我们可以说用户的体验越好，就越有可能重复使用该服务(Udo et al.,2010)。Lin(2015)提出持续使用意图是指用户在接受某项服务后继续使用该服务的意图,并且Cheung等(2005)认为用户使用后的感觉是基于先前的使用经验产生的,先前的行为是未来行为的关键预测因素,并且直接影响持续使用意图。

一个网站和移动App等互联网服务的成功运营不仅表现为最初接受该网站的用户群体多,还表现在用户的持续使用并且愿意分享与他人使用。Parthasarathy和Bhattacherjee也曾指出,在信息系统领域开发一个新用户的花费是维护一个老用户花费的五倍。因此,用户持续意愿是值得研究的议题,它可以给商家、运营主体带来借鉴,从而吸引更多的用户。不同的服务领域,都有着影响用户持续使用意愿的因素,近年越来越多的学者从不同的角度去研究用户持续使用意愿。

通过对现有文献的阅读与整理,本研究发现对用户持续使用意愿的研究比较常用的理论模型有理性行为理论(TRA)、计划行为理论(TPB)、技术接受模型(TAM)和期望确认模型(ECM)等,并且学者们在研究用户持续使用意愿时,在原有理论模型基础之上,会根据所研究背景的特征,科学地添加影响用户持续使用意愿的因素,最后对其进行验证。本书将研究频率较高的几个影响用户持续使用意愿的因素进行了归纳(见表2-3)。

表2-3　研究频率较高的用户持续使用意愿的影响因素

影响因素	相关研究
感知有用性	Davis et al. (1996), Bhattacherjee et al. (2001), Koo et al. (2011), Brown(2014), Thong et al. (2006), Liao et al. (2007), Hsu et al. (2008), Limayem et al. (2008), Lin et al. (2011),李蒙翔等(2010)
满意度	Thong et al. (2006), Limayem et al. (2008), Lee(2010), Lee et al. (2011), Tseng(2015),李武等(2016)

续表

影响因素	相关研究
感知易用性	Davis et al. (1996), Siu-cheung et al. (2004), Ifinedo et al. (2006), Hsu et al. (2008), Lin et al. (2011), Lu et al. (2014), 詹恂等(2014)
隐私安全性	Siu-cheung et al. (2004), Hsu et al. (2016), Susanto et al. (2016), 赵宇翔等(2016), 詹恂等(2014)
感知价值	Setterstrom et al. (2013), 赵鹏等(2015)
感知趣味性	Hsu et al. (2008), Kang(2010), 赵宇翔等(2016), 詹恂等(2014)
感知成本	Setterstrom et al. (2013), Chang et al. (2015), 陆均良等(2013), 孙建军等(2013)

2.期望确认模型

Oliver(1980)提出的期望确认理论(ECT),不仅只是针对消费者购买前的行为进行研究,而且同时研究了消费者购买前的期望和购买后的满意度、感知效果以及重复购买意愿。Bhattacherjee(2001)在研究用户持续使用信息系统的影响因素时,借鉴Oliver的期望确认理论,他认为信息系统的使用行为也可以分为使用前行为和使用后行为,信息系统持续使用就属于使用后行为的一种,它发生在初始使用之后,被初始使用的经验所影响。因此基于前人对信息系统使用研究的理论和实证成果,本书提出了信息系统持续使用模型,即期望确认模型(见图2-1)。

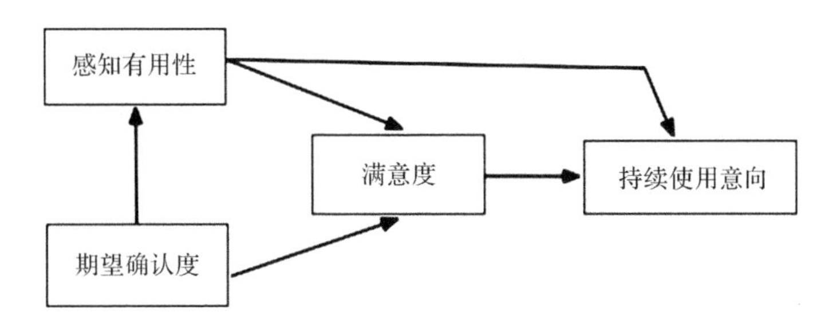

图 2-1　期望确认模型

由图 2-1 可以看出，期望确认模型包含了四个变量，即感知有用性、期望确认度、满意度和持续使用意向。模型中变量间的影响关系表现为：期望确认度同时影响满意度和感知有用性，感知有用性同时影响满意度和持续使用意向，而满意度又直接影响持续使用意向。四个变量的具体定义为：

(1)感知有用性：用户使用某类信息系统或者技术后，觉得该系统或技术对自己是否有帮助。

(2)期望确认度：用户使用某类信息系统或者技术后，将使用前的期望与使用后的感觉进行对比，认为感知到的效用与期望的符合程度。

(3)满意度：用户使用某类信息系统或者技术后，对该系统或技术是否满意的一种情绪。

(4)持续使用意向：用户使用某类信息系统或者技术后，愿意在未来继续使用该系统或技术的想法。

期望确认模型的提出，激发了学者们对信息系统持续使用意愿研究的兴趣。近年来，国内外有许多学者借鉴模型，对各种不同信息系统的用户持续使用意愿进行探究，包括各类视频网站、问答社区、手机银行等，得出了较为丰富的理论和实践结果(见表 2-4)。

表 2-4 基于期望确认模型的研究

研究者	研究对象	研究内容
Lin et al. (2005)	门户网站	在期望确认模型中引入感知趣味性，研究影响用户持续使用门户网页的意愿，结果表明感知趣味性对用户重用网站的意愿有显著影响
孙建军等 (2013)	视频网站	基于期望确认模型，结合感知娱乐理论、感知成本理论、习惯理论构建概念模型，研究影响视频网站用户持续使用意愿和持续使用行为的因素
代意玲等 (2016)	医院信息系统	从患者角度出发，结合技术接受模型与期望确认理论，对医院信息系统持续使用意愿进行了研究。结果显示感知易用性、感知可用性和使用满意度对系统持续使用意愿均有显著影响
刘震宇等 (2014)	手机银行	整合期望确认模型和技术接受模型，考虑感知易用性、感知风险、感知成本、社会规范等方面的因素对手机银行用户持续使用意愿的影响
赵鹏等 (2015)	在线存储服务	基于期望确认模型，从用户满意度和感知风险的视角构建了影响用户持续使用在线存储服务意愿的概念模型。最终研究结果表明感知风险对用户持续使用意愿的影响不显著，而对用户满意度有直接影响
赵宇翔等 (2016)	知识问答类 SNS	以 ECM-ISC 模型作为参考框架，并根据知识问答类 SNS 的特点引入感知趣味性、感知隐私风险、感知转换成本及主观规范四个影响因素，建立了研究的概念模型

续表

研究者	研究对象	研究内容
Susanto et al. (2016)	智能手机银行	基于期望确认模型，研究了影响使用智能手机银行服务的持续意图的决定因素，结果表明感知有用性、自我效能感和用户满意度在影响持续使用意愿方面发挥着重要作用，此外确认、感知的安全性和隐私、感知有用性、信任和用户满意度之间也有交叉影响的关系
Oghuma et al. (2016)	移动即时通信	基于期望确认模型，研究了感知可用性、感知安全性、感知服务质量以及期望确认对用户使用移动即时通讯的持续意图的影响。结果表明，感知服务质量和感知可用性显著影响用户满意度和使用移动即时通信的持续意图。感知的服务质量也会影响用户的期望确认，然而感知安全性对用户满意度的影响并不显著
Park et al. (2018)	健身应用程序	通过问卷收集数据，做了多元回归和相关性分析，分析了年轻人的社交认知特征和健身应用程序的质量相关特征对用户继续使用意图的影响，最终发现自我效能、创新倾向、结果预期和参与度是影响继续使用应用程序意图的关键变量

综上所述，用户的持续使用意愿是指用户在接受某项服务后继续使用该服务的意图，影响用户持续使用意愿的因素有感知有用性、感知易用性、感知趣味性、感知成本等。近年来各领域都有用户持续使用意愿方面的研究，大部分研究是基于理论模型来探究影响用户持续使用意愿的内在机理。其中，期望确认模型是一个成熟经典的理论模型，由感知有用性、期望确认度、满意度、持续使用意向这几个因素组成。在健康医疗网站使用情境中，一方面，用户搜索健康信息、咨询健康问题前会期望网站给自己带来一定的

收获，另一方面，网站的质量也会影响用户的感知有用性和期望确认，当网站给用户提供了高质量的信息和服务，用户的期望就会得到确认，能够感受到网站给自己带来的益处，所以用户的满意度会提升，会愿意继续使用该网站。因此，本书研究结合情境选择期望确认模型来分析健康医疗网站质量影响用户持续使用意愿的内在机理。

三、本章小结

健康医疗网站质量评估的研究，大部分是从信息质量的角度去评估的，为了更全面地评价在线健康医疗网站的质量，笔者阅读评估网站质量方面的研究后发现目前对网站质量评估的维度还没有统一的标准，研究方法也是多元化的，但信息系统成功模型评估网站的维度是被广泛认可的，它是从系统质量、信息质量、服务质量三个维度去评估网站的质量。Chen 等(2015)也指出，网站质量是一个多维结构，包括信息质量、系统质量和服务质量。本书在前人评估网站质量和健康医疗网站的基础上，结合当下在线健康医疗网站发展的背景，引入信息系统成功模型，从系统质量、信息质量、服务质量这三个维度全面地评估在线健康医疗网站的质量。其中系统质量和信息质量的评估指标将在前人研究的评估指标中选取，服务质量的评估指标是将 SERVQUAL 模型引入本书的背景中，采用可靠性、响应性与同理心三个维度评估在线健康医疗网站的服务质量。

此外，为了探究健康医疗网站质量是如何影响用户持续使用意愿的，本书结合在线健康医疗网站的特点，考虑影响用户持续使用意愿的因素后，最终选择在期望确认模型基础上，将用户对网站质量评估的内容和感知有用性、期望确认、满意度结合起来研究用户持续使用意愿的影响因素。

第三章　在线健康医疗网站质量研究模型和问卷设计

一、在线健康医疗网站质量研究模型和假设

（一）研究模型

医疗资源分布不均一直是我国医疗发展中的问题，近年来得益于“互联网＋医疗”的发展，老百姓看病难的状况得到缓解。人们开始在网上咨询健康问题，进行远程医疗服务，病友们在健康社区进行经验交流等。但是在线健康医疗网站又存在诸多问题，比如医疗信息不准确、不全面，网站功能不能满足用户的需求等。为了更好地发挥互联网的优势，保障我国在线健康医疗网站可持续发展，必须对该类网站的质量进行有效评估，针对用户需求设计出高质量的在线健康医疗网站，优化用户体验，提高用户黏性。

本书研究将从用户持续使用在线健康医疗网站意愿的角度，整合期望确认模型和信息系统成功模型去评估在线健康医疗网站的质量，探究影响用户持续使用在线健康医疗网站的因素。其中系统质量主要从隐私安全、可访问性、易用性等方面来进行测量，信息质量从准确性、时效性、可信度等方面来测量，服务质量从可靠性、响应性、同理心等方面来测量。本书的概念模型认为系统质量、信息质量和服务质量分别直接影响用户的感知有用性和期望确认，然后以感知有用性和期望确认作为中介变量影响用户的满意度，进而影响用户的持续使用意愿，概念模型如图 3-1 所示。

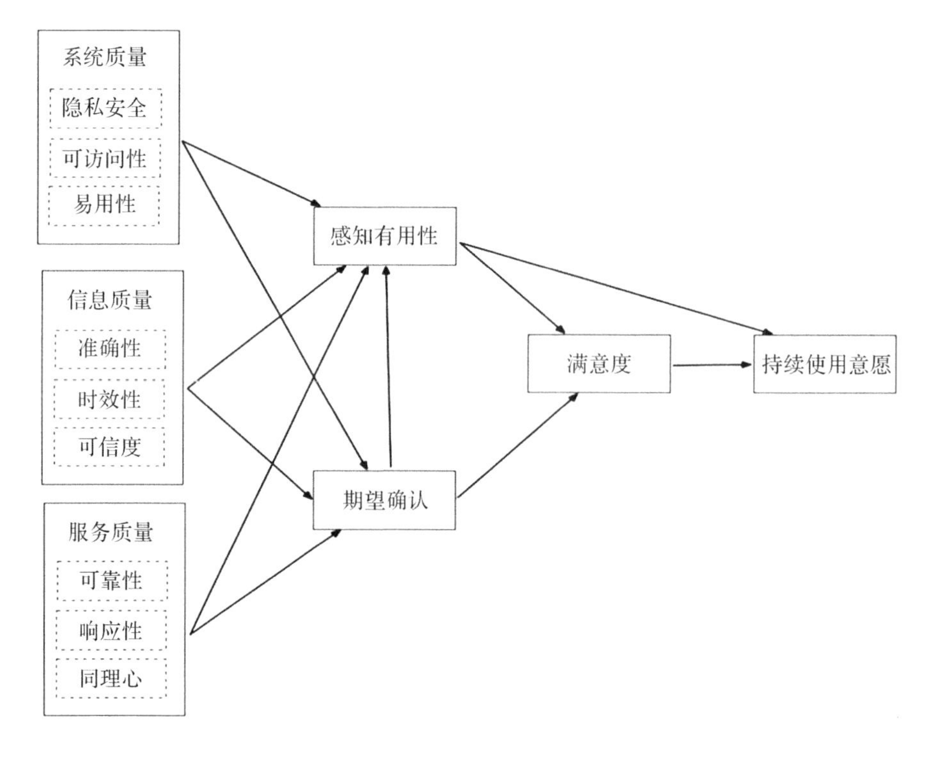

图 3-1　概念模型

(二)系统质量的影响作用

系统质量不仅是信息处理系统本身的衡量标准,也是技术使用性能的特征,高质量的系统可以给用户带来更多的便捷和隐私安全(Ecer,2014)。网站的系统质量反映的是网站系统的特征,它是整个网站质量的基石,承载了网站的信息质量和服务质量(周涛等,2011)。在线健康医疗网站属于信息系统的一种,用户主要通过智能手机、电脑等设备进行使用。在线健康医疗网站的系统质量主要是指用户对该网站本身的评价,即在线健康医疗网站系统能否满足用户的需求,一般包括系统的易用性、系统的流畅性等。DeLone 等(2003)提出可以用易用性、可访问性、可靠性、灵活性等指标来测量系统质量,并且系统质量对信息系统的成功具有重要影响。Chen 等(2015)认为系统质量可以通过友好的用户界面、网站链接和下载速度以及网站内部超链接的有效性来衡量。本书的在线健康医疗网站的系统质量主要从隐私安全、可访问性、易用性这三个维度来评估。

目前我国网络隐私安全保护的法律还不健全,用户使用网络平台时需要直接或间接地提供一些个人信息,对于隐私安全问题,用户是一直比较关心的,他们担心个人信息会被他人窃取,以及存在支付风险。用户在使用网络平台时隐私安全得不到保护,会对其心理感知和使用行为带来影响,隐私安全的感知是影响用户态度和采纳意愿的关键要素(Tamara Dinev et al.,2005)。Xu 等(2009)研究用户的感知隐私关注度对持续使用基于位置服务(LBS)的影响,发现用户感知到的隐私关注越强烈,越会拒绝使用基于位置的服务。张冕等(2012)发现隐私安全风险的提升必然造成用户对该移动服务的满意度下降,进一步造成用户拒绝对该移动服务的持续使用。用户使用在线健康网站之前需要进行个人信息填写以注册账号,以及咨询健康问题的过程中会涉及部分个人隐私，这些情境下一些隐私安全问题是不可避免的，比如个人信息被不恰当地使用和未经授权的共享等。现在网民的隐私关注度比较高，一旦用户认为网站对个人信息的获取范畴超过自己的容忍范围，就会放弃使用该网站以确保个人的隐私安全。换句话来说，网站对用户隐私安全管理得好，会给予用户足够的安全感，用户才会觉得此类网站是可用的。

网站的可访问性是指用户快速访问网站资源的能力，它主要涉及网页链接和下载的速度(Cox et al.，2001)。网站的可访问性是体现网站便利优势的核心功能，它使用户能够快速访问自己想要的信息，对于提高网站的系统质量非常重要(Chen et al.，2015)。Geissler(2001)发现网站能够满足用户期望的网页载入时间长度为5～10秒，若等待的时间过长，用户会产生不耐烦的情绪。用户在浏览网页的时候，如果网页载入速度很慢，用户会觉得该类网站不好用，从而影响用户的使用意愿。Jeong等(2001)在对用户使用住宿网站的行为意图的研究中发现，住宿网站的可访问性是促进用户购买的重要影响因素。

网站成功的影响因素除了网站内容和速度之外，易用性也是成功网站的关键要素，并且可以对使用意愿有很大影响(Sun et al.，2016)。网站的易用性取决于不同的维度，如清晰友好的界面易于用户搜索信息、操作简单易于用户记忆、用户能够熟悉和易于学习等(Abou-Shouk et al.，2017)。技术接受模型认为网站易用性将显著影响有用性，若网站不容易使用，用户将很难认为该网站是有用的。Chen等(2002)在研究用户对虚拟商店的使用意愿和行为中，证实了对网站的感知易用性会影响其感知有用性。

用户在使用在线健康医疗网站之前多少都带着一些期许，希望该网站能给自己带来一定的用处。但是如果在使用在线健康医疗服务网站的过程中，网站没有对用户的隐私安全进行保护、网页布局混乱不易使用、网页载入速度慢等，用户将很难相信在线健康医疗网站能给自己带来多大的用处，对其的期望在初次接触就会被否认，导致用户不会愿意进行更多的信息搜索和服务咨询。Seddon等(1997)也证明了系统质量越好，用户对信息系统的感知有用性越强。因此，本书对在线健康医疗网站系统质量和用户使用感受之间的关系提出以下假设：

H1：在线健康医疗网站的系统质量正向影响用户对网站的感知有用性

H2：在线健康医疗网站的系统质量正向影响用户对网站的期望确认

(三)信息质量的影响作用

信息质量是指系统生成和提供的信息的质量，被认为是影响信息系统成功的关键因素之一。网站的信息质量反映的是网站的内容特征，如信息的及时更新、完整性、准确性、相关性等，用户将评价网站信息的各方面的特征，从而形成对网站的评价(Lee et al.,2017)。如果网站没有提供用户所需的信息，用户的满意度会降低，但是网站提供有用的和及时更新的信息，就可以吸引用户重新访问该网站，为此网站需要提供适当、完整和清晰的信息(Ecer,2014)。De Wulf等(2006)提出可靠性、时效性和可理解性会影响用户对信息的态度。McKinney等(2002)断言在评估网站用户的满意度时，信息质量由合理性、可理解性、可靠性、适当性、信息范围和可用性组成，这些因素都会影响用户满意度。Zhu等(2002)研究了准确性、隐私性、多功能性、技术先进性等作为信息质量的衡量标准。本书对在线健康医疗网站的信息质量主要从准确性、时效性、可信度这三个维度进行评估。

网站信息的准确性是指网站上提供的信息的准确度及其与专业信息的一致性程度。本章的在线健康医疗网站信息的准确性主要表现在健康信息的正确性和内容的详细程度。根据 Buhalis 等(2002)的观点,可知当用户在网站上获得准确的信息时,他们会对网站产生信任,认为该企业是可靠的。对于在线健康医疗网站也是如此,网站只有提供准确的健康信息,用户才会从中获得对自己有用的信息,否则错误的信息和虚假的信息过多会极大地降低用户的感知有用性。董庆兴等(2019)基于感知价值理论研究了用户持续使用在线健康社区的意愿,从中也发现在线健康信息的准确性对用户感知价值有显著影响,从而影响用户的满意度。准确的健康信息能有效地帮助用户进行个人健康管理,而不准确的信息会给用户管理健康问题带来困惑,从而影响用户对网站的期望确认和感知有用性。

网站信息的时效性是指网站提供最新信息的能力,本章的在线健康医疗网站信息的时效性主要表现为平台上提供的健康信息是否及时更新。董庆兴等(2019)基于感知价值理论,研究用户持续使用在线健康社区的意愿中还发现在线健康信息的时效性对用户感知价值有显著影响,进一步会影响用户的满意度。网站上的健康信息定期更新会影响用户对网站质量的感知,如果网站提供的信息一直是未更新的,用户会觉得此类信息是过时的,怀疑它对自己的用处。

网站信息的可信度是指网站信息内容真实、来源可靠,能让用户信赖的程度。Chathoth (2007)提到,如果网站上提供的虚假信息太多,不真实,用户会对服务提供商产生负面感受。所以,如果在线健康医疗网站提供的信息是不够真实的,健康知识不够专业,用户很难感受到网站的可信度,更不会想着要再次使用该健康医疗网站。

在线健康医疗网站在日常运营中会给用户提供健康资讯，用户期望网站提供的健康信息可以解答自己对健康方面的疑惑，他们对在线健康网站信息的准确性、时效性和可信度的感知越强，则对信息质量的感知越强，从而影响其对网站有用性的感知和使用期望的确认。Todd 等(2005)也发现信息系统的信息质量会对用户感知有用性产生影响，从而影响使用意愿。因此，本章对在线健康医疗网站信息质量和用户感知之间的关系提出以下假设：

H3：在线健康医疗网站的信息质量正向影响用户对网站的感知有用性

H4：在线健康医疗网站的信息质量正向影响用户对网站的期望确认

(四)服务质量的影响作用

服务质量通常是指用户体验服务前的期望和体验服务后对服务感知之间的差异程度。在线健康医疗网站是一种服务于医生和患者的平台，它主要向用户提供健康咨询和个人健康管理等服务，此类服务是由网站上医护人员和系统本身提供的。信息系统的服务质量是系统效能的重要决定条件，影响用户对其的满意度。对服务质量的评估常常使用 SERVQUA 模型从有形性、响应性、可靠性、保证性和同理心五个维度进行测量。在医疗健康网站环境下，考虑到用户的使用平台为互联网，它的有形性是指网站提供健康服务的实体性；保证性指在医患交互或用户获取健康服务的过程中，用户可以感知到该网站的员工具有良好的职业素养。对于健康医疗网站而言，其提供的服务具有特殊性，有形性与保证性的影响较弱，此外，同理心是医患交流过程中，网站上的服务人员给予的，不是系统给予的，因此本书最终将 SERVQUAL 模型引入本书中，采用可靠性、响应性与同理心三个指标去评价在线健康医疗网站的服务质量。

网站的可靠性是指在线供应商按照承诺按时向用户提供所需的产品和服务，是 SERVQUA 最重要的维度（Zhou et al.，2009）。对于在线健康医疗网站而言，可靠性主要指网站上服务人员为患者准确地执行承诺服务的能力。同理心指在线供应商为其用户提供个性化服务，例如定制页面和个性化问候等。在线健康医疗网站服务中，同理心表现为医生为患者提供服务时要站在患者的角度了解其实际需求，并表现出关心与尊重，满足患者个性化的需求。在线下医疗服务中，Kondasani 等（2015）在有关印度私人医院服务质量的研究中证明了服务可靠性对用户满意度和忠诚度的影响，Aliman 等（2016）也证明了医疗服务质量的可靠性和同理心对用户满意度和使用意愿的显著影响。对于线上医疗服务质量，这些影响同样存在，我们要引起重视。

此外，响应性是网站一个非常重要的功能，是网站服务提供人员对用户查询做出初步响应的意愿和速度（Nath et al.，2010）。Bauer 等（2006）也强调了响应能力对于一个企业和网站成功的重要性，它会影响用户所感知到的服务质量。对于在线零售商而言，快速响应的服务有助于加强并保持用户的利益，一旦服务响应较慢，可能会导致潜在用户终止交易（Abou-Shouk et al.，2017）。同样，当用户通过在线健康医疗网站进行健康咨询而没能得到在线医生的快速解答时，用户会对网站的服务感到失望，下次不会再考虑使用该网站。

优质服务是用户进行健康咨询时的一种期望，因此，服务质量是用户期望确认的决定因素之一。此外，有实证研究表明，服务质量也影响着用户对网站的感知有用性（Cenfetelli et al.，2008），因此，本书研究对于在线健康医疗网站质量和用户使用感受之间的关系提出以下假设：

H5：在线健康医疗网站的服务质量正向影响用户对网站的感知有用性

H6：在线健康医疗网站的服务质量正向影响用户对网站的期望确认

（五）用户持续使用过程中感知因素的作用

1. 期望确认的影响作用

期望确认度是指用户使用某类信息系统或者技术后，将使用前的期望与使用后的感觉进行对比，认为感知到的效用与期望的符合程度。用户满意度源于用户对商品/服务期望与所接受商品/服务感知的比较，如果他们对商品或服务的质量的看法超出期望，就会产生满意的结果，而如果他们的质量没有超出期望，就会产生不满意的结果（Chen et al.，2011）。在期望确认模型中假设用户对信息系统使用后的期望确认水平是用户感知有用性和满意度的决定因素，并且满意度显著影响他们的持续使用意图（Bhattacherjee，2001b），该模型在很多信息系统领域的研究中都得到了验证。在网站使用背景中，Zhang 等（2015）发现用户的期望确认度显著影响他们对团购网站质量的感知和使用满意度，Lin 等（2005）在研究用户对门户网站的持续使用意愿中发现期望确认度显著影响用户的满意度和对门户网站的感知有用性。从各类相关研究中我们知道用户的期望得到了确认就意味着他们的使用体验获得了预期的收益，这对他们的满意度会产生积极的影响（Bhattacherjee，2001a）。同样地，用户在使用在线健康医疗网站之前会心怀期望，希望网站能够给自己带来用处，使用后会将体验与之前的期望进行比较，如果用户的期望确认较高，用户的满意度也会比较高。研究也表明，信息系统越能满足用户期望，用户对信息系统的有用性感知也越强烈。因此，我们有理由相信用户的期望确认会影响他们对在线健康医疗网站的感知有用性和满意度，因此提出以下假设：

H7：用户对在线健康医疗网站的期望确认正向影响用户对网站的感知有用性

H8：用户对在线健康医疗网站的期望确认正向影响用户对网站的满意度

2.感知有用性的影响作用

感知有用性的概念源自 Davis（1989）提出的技术接受模型，它表明用户在使用信息系统后感觉到其给自己带来的绩效、效率的提高，是用户对信息系统预期收益的看法。当用户感觉到信息系统的有用性之后，会产生愉悦感、满足感，也会影响用户的使用行为，很多研究表明用户的感知有用性能够增强用户的满意度，会影响用户的持续使用意愿。王哲（2017）在研究知乎用户持续使用意愿的研究中，验证了感知有用性影响用户满意度，进而影响用户持续使用意愿。Susanto（2016）基于期望确认模型，研究了影响使用智能手机银行服务的持续意图的决定因素，结果表明，感知有用性和用户满意度在影响持续使用意愿方面发挥着重要作用，此外感知有用性也对用户满意度有正向影响。在线健康医疗网站作为一种服务类型的网站，用户希望通过在网站上进行健康信息搜索和健康咨询后能够更好地管理自我健康，提高健康生活的质量，也希望借助该网站突破就医难的时间和空间限制。基于期望确认模型以及已有研究成果，我们认为感知有用性、用户满意度与持续使用意愿之间的关系在在线健康医疗网站中也成立，用户对在线健康医疗网站的感知有用性越高，该网站就越能满足用户的需求，用户的持续使用意愿就越强烈。因此提出以下假设：

H9：用户对在线健康医疗网站的感知有用性正向影响用户对网站的满意度

H10：用户对在线健康医疗网站的感知有用性正向影响用户对网站的持续使用意愿

3.满意度的影响作用

期望确认理论认为满意度是用户对服务体验的事后评估，可能是满意的，也可能是不满意的。用户对产品或者服务的满意度是其持续性的主要动力，满意的用户会继续使用该类产品或服务，而不满意的用户将停止使用它，并且转向替代的产品或服务（Bhattacherjee，2001a）。在信息系统领域，用户满意度是直接与应用程序交互的用户最终对系统的情感态度，它影响着用户对技术的态度和接受度、信息系统的成功度以及是否愿意持续使用该系统等。Oghuma 等(2016)在研究中发现用户不满意某个移动即时通信时,他们不需要花费太多的成本就可以换一个移动即时通信工具,用户只有越满意当前的移动即时通信,才越有可能去继续使用。Zhang 等(2015)在研究用户持续使用团购网站的意愿时,也发现用户对团购网站的满意度是他决定重新购买产品或光顾服务的决定因素。在本书研究中,用户通过使用某个在线健康医疗网站进行健康咨询、健康信息查找、交流治疗经验等,他们所有的需求越是被满足,用户的满意度越高,他们持续使用该在线健康医疗网站的意愿就越强烈,因此,本书提出假设:

H11:用户对在线健康医疗网站的满意度正向影响用户对网站的持续使用意愿

二、在线健康医疗网站质量研究问卷设计与数据收集

(一)变量的定义

在前人相关研究基础之上,本书研究,对研究模型中的系统质量、信息质量、服务质量、感知有用性、期望确认、满意度、持续使用意愿等变量进行了总结与定义。其中系统质量是指用户在使用健康医疗网站过程中对网站系统本身的评价,包括网站的隐私安全、可访问性、易用性,信息质量是用户在使用健康医疗网站过程中对网站健康信息品质的评价,其具体评估属性归纳为信息的准确性、时效性、可信度;服务质量是指用户在使用健康医疗网站过程中对网站所提供的服务品质的评价,其具体评估属性归纳为服务

的可靠性、响应性、同理心。网站各维度下具体的质量属性的定义和参考文献如表 3-1 所示。

表 3-1 变量的定义

模型变量		变量定义	参考文献
系统质量	隐私安全	用户使用在线健康医疗网站的时候，私人信息能够受到该网站的保护	Lee et al.(2017)
	可访问性	指用户快速访问在线健康医疗网站资源的能力，包括易于链接和下载速度	Lee et al.(2017)，Jeon et al.(2016)
	易用性	用户认为在线健康医疗网站各功能使用起来简单方便	Lee et al.(2017)
信息质量	准确性	在线健康医疗网站上提供的信息的准确度，其与专业医疗信息的一致性程度	Tao et al.(2017)，Lee et al.(2017)
	时效性	在线健康医疗网站提供最新信息的程度	Lee et al.(2017)
	可信度	在线健康医疗网站信息真实、来源可靠，能让用户信赖的程度	Selman et al.(2006)
服务质量	可靠性	在线健康医疗网站准确地执行承诺服务的能力	Zhou et al.(2009)
	响应性	在线健康医疗网站愿意帮助用户并提供及时的服务的能力	Zhou et al.(2009)
	同理心	在线健康医疗网站给予用户的关怀和关注程度	Zhou et al.(2009)

续表

模型变量	变量定义	参考文献
感知有用性	用户对使用在线健康医疗网站后给自己带来好处的感受	Bhattacherjee(2001b)
期望确认	用户对在线健康医疗网站使用期望与实际表现之间一致性的看法	Bhattacherjee(2001b)
满意度	用户对在线健康医疗网站整体体验的评价和情感反应	Chiu et al. (2007),Oliver (1980)
持续使用意愿	用户愿意在将来较长一段时间内继续并经常使用在线健康医疗网站	Bhattacherjee(2001b)

(二)变量的测量

本书研究变量包括在线健康医疗网站系统质量方面的隐私安全、可访问性、易用性,信息质量方面的准确性、时效性、可信度,以及服务质量方面的可靠性、响应性和同理心,还有用户对在线健康医疗网站的感知有用性、期望确认、满意度和持续使用意愿等。对每一个变量的测量都是根据前人研究成果,本书研究再结合情境设计相应问项,并对问项的问法进行了适当的修改。各个变量与其测量问题如表 3-2 所示。

表 3-2 变量的测量问项

研究变量	问项维度	测量问项	参考文献
系统质量	隐私安全	1. 健康医疗服务网站/平台能保护我的个人信息 2. 健康医疗服务网站/平台不会非法使用我的个人信息 3. 在健康医疗服务网站/平台上发布信息，我感觉是安全的	Shin et al. (2013), Susanto (2016)
信息质量	可访问性	1. 我在使用健康医疗服务网站/平台时，页面的载入是快速的 2. 我打开健康医疗服务网站/平台的新页面是快的 3. 我在健康医疗服务网站/平台访问页面的时候不需要等待太久	Lee et al. (2017)
	易用性	1. 我与健康医疗服务网站/平台的互动不需要花费太多的脑力 2. 对于我来说，健康医疗服务网站/平台是易于操作的 3. 我能够熟练地使用健康医疗服务网站/平台	Venkatesh (2000), Li et al. (2017)

续表

研究变量	问项维度	测量问项	参考文献
信息质量	准确性	1. 健康医疗服务网站/平台提供的信息大多是准确的 2. 健康医疗服务网站/平台提供的信息大多是没有错误的 3. 健康医疗服务网站/平台提供的信息的详细程度是恰当的	Lee et al. (2017)
	时效性	1. 健康医疗服务网站/平台提供的信息是不断更新的 2. 健康医疗服务网站/平台经常更新用户交流的信息 3. 健康医疗服务网站/平台不断更新用户上传的共享信息	Tao et al. (2017), Lee et al. (2017)
	可信度	1. 健康医疗服务网站/平台提供的信息大多是可信赖的 2. 健康医疗服务网站/平台提供的信息大多是真实的 3. 健康医疗服务网站/平台提供的信息大多是来源可靠的	Koo et al. (2011) Tao et al. (2017)

续表

研究变量	问项维度	测量问项	参考文献
服务质量	可靠性	1. 健康医疗服务网站/平台能够正确地履行服务承诺 2. 当我提出问题时，健康医疗服务网站/平台能显示出对解决问题的真诚态度 3. 健康医疗服务网站/平台提供给我的服务是可靠的	Zhou et al.（2009），Aljaberi et al.(2018)
	响应性	1. 健康医疗服务网站/平台能够帮助我解答问题 2. 健康医疗服务网站/平台通常能够及时给我提供服务 3. 当我在健康医疗服务网站/平台提问或咨询时能够得到及时的响应	Aljaberi et al.（2018），Kettinger et al.(1997)
	同理心	1. 我感受到健康医疗服务网站/平台能给予我个人的关注 2. 我感觉健康医疗服务网站/平台能够明白我的具体需求 3. 健康医疗服务网站/平台以友好关怀的方式与我交流	Kettinger et al.(2005)，Aljaberi et al.(2018)
感知有用性		1. 我感觉健康医疗服务网站/平台在我的生活中是有用处的 2. 健康医疗服务网站/平台可以满足我查询和咨询健康信息的需求 3. 使用健康医疗服务网站/平台可以帮助我提高管理个人健康的能力 4. 我认为健康医疗服务网站/平台对用户管理个人健康问题是有帮助的	Bhattacherjee et al.(2001b) Lemire et al.(2008) Venkatesh et al.(2000)

续表

研究变量	问项维度	测量问项	参考文献
期望确认		1.我在健康医疗服务网站/平台进行健康咨询的体验比我预期的要好 2.健康医疗服务网站/平台提供的服务比我预期的要好 3.使用健康医疗服务网站/平台之后的整体感觉比我期望的要好	Bhattacherjee et al.(2001b)
满意度		1.我认为选择健康医疗服务网站/平台进行健康咨询是明智的 2.我对健康医疗服务网站/平台提供的服务是满意的 3.我使用健康医疗服务网站/平台的总体感觉是愉快的	Kim et al.(2015) Zhang et al.(2015)
持续使用意愿		1.将来我会再次使用健康医疗服务网站/平台 2.在未来我将会继续使用健康医疗服务网站/平台 3.我会把健康医疗服务网站/平台推荐给身边有需要的朋友	McCo et al.(2009), Kim et al.(2015)

(三)问卷设计与修改

本书问卷设计的具体过程如下:

(1)相关文献量表的整理。根据本书的背景和所考虑的变量进行相关文献的阅读,整理归纳出适合本书的量表,为形成调查问卷做准备。

(2)问卷设计与修改。对于初步形成的问卷，我们收集了50份数据，做了一个前测，并删除了一些题项和测量变量，在咨询专家的基础上对问卷进行了内容排版和问项语句方面的修改，从而提高了问卷的适用性。

最终形成的问卷包括卷首语、问卷正文部分和被调研者的个人信息。卷首语主要是对本研究目的的简单阐述和对在线健康医疗网站定义的介绍，以使被调研者更好地了解本调研的内容和目的。问卷正文部分分为三大板块，包括用户对在线健康医疗服务网站/平台的评价、用户对在线健康医疗网站/平台服务方面的评价、用户对在线健康医疗服务网站/平台的使用感受。各研究变量的问项采用了李克特(Likert)7级量表，其中－3＝非常不同意，－2＝不同意，－1＝较不同意，0＝不确定，1＝较同意，2＝同意，3＝非常同意。被调研者的个人信息部分的统计项包括性别、年龄、教育背景、职业、当前所在地区、在线健康医疗网站使用动机和使用频率。

(四)数据的收集

在当今的“互联网＋”时代，在线健康医疗网站用户涉及的范围比较广，男女老少在身体不适的时候都会想到去网上搜索健康信息来进行初步诊断。因此在收集样本数据的时候，被调研人群一部分是在校大学生，一部分是社会工作人士。

此次问卷发放采取了线上和线下相结合的方式，为了确保问卷的有效性，本研究在用户作答之前对其做了简单介绍，并提出认真填写的要求。线上收集主要是通过专业问卷平台分享作答链接到微博、QQ、微信等，线下收集主要是在浙江工业大学校园内和杭州西溪医院、浙江大学医学院附属第一医院、浙江大学医学院附属第二医院发放及收集问卷的形式。

本次问卷收集具体时间是从2019年5月25日至2019年6月15日，一共发放了520份问卷，线下260份，线上260份。收集后，我们对问卷进行初步的关于有效性和完整性的筛选，剔除同选项问卷、未完成问卷和背景信息不完整的问卷等，最后得到问卷500份，问卷的有效回复率是96.2%。为了进一步保证收集到的数据的有效性，借助SPSS软件对异常数据进行筛选，对因变量、自变量采取“分析—描述统计—描述—将标准化存为变量Z”的指令，最后生成的新变量如果绝对值超过2，则视为样本异常值，由此剔除该条数据，最终生成471份有效初始分析数据。

第四章　在线健康医疗网站质量数据分析和结果讨论

一、分析方法

基于对概念模型中的变量测量收集到的有效数据进行模型的验证，数据分析的方法主要通过 SPSS 对数据进行预处理、描述性统计分析，再结合 Smart PLS 进行信效度分析和结构方程检验，关于中介效应的分析是通过 SPSS 中的 PROCESS 插件进行的。

(一)结构方程模型

通过建立综合评估指标来评价多指标系统是经济管理领域中常见且很重要的问题，研究人员通过层次分析法、模糊综合评价法、德尔菲法、指数法、主成分分析法等进行相关问题的研究。这些方法比较经典，使用的领域也很广泛，但是它们有两个共同的缺点：首先，它们没有考虑到各变量之间的相关性。当我们选择的几个变量中存在严重的多重相关性时，会造成夸大某个系统特征的作用，那么就会得不到合理的评估。其次，这类方法没有考虑到变量的可测性，比如经济、文化以及消费者的满意度、忠诚度等概念是不能直接测量的，此时这类方法的使用就被限制了。而使用结构方程模型来建立综合评估指标可以弥补上述方法的缺陷(王惠文和付凌晖，2004)。

结构方程模型是一种基于变量的协方差矩阵来分析变量之间关系的综合的统计分析方法，它起源于20世纪20年代由生物统计学家Sewll Wright提出的路径分析概念。到了70年代，Joreskog、Kessling等人在潜变量的研究中引入了路径分析的思想，结合因子分析的方法，从而形成了结构方程模型(薛景丽等，2012)。它是一种既考虑变量的内部结构，又注重变量之间因果关系的多变量测量模型，分为测量方程(measurement equation，即外部模型)和结构方程(structural equation，即内部模型)两部分。测量方程描述潜变量与指标之间的关系，结构方程则描述潜变量之间的关系。

结构方程模型可以代替多重回归、因子分析等分析方法，清晰地分析单项指标对总体的作用以及各指标之间相互影响的作用。它与传统的回归分析的不同点在于它可以同时处理多个因变量，而且可以将不同的概念模型进行比较。它与探索性因子分析的不同之处在于可以提出一个特定的因子结构，而且可以检验其与数据是否吻合。此外，可以将数据进行分组，通过多组分析验证不同组别内各个变量直接的关系是否有变化，各因子的均值是否有差异。

因此，本章提出应用结构方程模型来建立在线健康医疗网站质量的综合评价指标。

(二)PLS-SEM 分析法

偏最小二乘法(PLS)是由 Wold 在 1985 年提出的一种基于整个研究结构规范之间线性关系的多变量数据分析技术,它将主成分分析法与多元回归法相结合进行迭代估计,是一种因果建模方法。

传统的结构方程模型是使用 Amos、Lisrel、EQS、Mplus 等软件,进行基于协方差矩阵的结构方程分析(CB-SEM)。这类分析需要满足一些条件,包括数据的多元正态性、最小样本的大小、同方差性等。对于同时包含形成型和反映型的复杂概念模型和含有多阶潜变量的情况,协方差矩阵的结构方程模型是难以进行处理的。而偏最小二乘法的结构方程模型是使用 Bootstrapping 自助抽样进行的非参数推断,可以最大限度地减少内源结构的残差,不需要数据严格服从正态分布、方差齐性等。所以,在样本量很小以及每个潜变量都包含多个显变量的时候,PLS 估计具有较好的一致性。随着样本容量的增大,对区组结构、内部关系和因果关系的预测能够以较大的概率接近所要估计的参数。并且偏最小二乘法的结构方程模型能够有效地处理高复杂度的模型,可以解决比 CB-SEM 更广泛的问题(Hair,2011)。

本书研究的在线健康医疗网站质量是一个多阶构成的变量,系统质量、信息质量和服务质量都是由各自的质量指标形成,而且用户的感知有用性、期望确认度、满意度的分布有可能与正态分布存在一点差异。所以本书选择基于偏最小二乘法的结构方程模型,采用反映型和形成型模型的数据处理方法来测量概念模型的因果效应。

（三）SPSS PROCESS 宏程序的使用

在过去的研究中，中介效应的检验大都参照 Baron & Kenny（1986）的因果逐步回归法，但不少研究者对该分析方法提出了诸多质疑，包括检验程序不合理、中介效应分析比较浅显、不能进行复杂的中介效应检验等（陈瑞等，2013）。Preacher & Hayes（2004）提出的 Bootstrap 方法，能够弥补经典的中介效应检验方法的缺陷，并且可以分析简单中介以外的多个中介变量、多步多个中介变量、有调节的中介变量等。Zhao 等（2010）指出该中介效应分析方法被国外学者广泛应用于心理学、消费者行为学等领域。SPSS 中的 PROCESS 插件是提供 Bootstrap 方法来进行中介和调节效应分析的强大工具，它具有很多优势。首先，相比于传统的通过分步回归进行中介和调节效应检验的方法，它可以一步到位输出所有步骤的结果，还额外提供了直接效应、间接效应的估计值以及 Bootstrap 置信区间、Sobel 检验等结果，帮助数据分析者一目了然地看出中介和调节效应是否存在。其次，无须使用 SPSS 进行 Bootstrap 功能代码的撰写，也不需要运用公式手动计算进行 Sobel 检验，它整合了 Bootstrap 和 Sobel 的检验功能，给研究者带来很大的便利。最后，PROCESS 还可以处理多中介、多调节以及有调节的中介、有中介的调节等复杂模型，并且设置了考虑控制变量的界面。在模型的构建上，PROCESS 提供了 76 个模型，研究者只需根据自己的研究选择对应的模型，设置相应的自变量、因变量、中介或调节变量即可。本章待分析的概念模型中不是简单中介的情况，包含了多步多个中介变量，所以我们采用 SPSS PROCESS 宏程序通过 Bootstrap 方法对数据进行中介效应分析。

二、样本的描述性统计分析

本章内容主要是对收集到的样本数据通过计算平均值、标准差、各变量所占百分比等方法，展示原始数据的结构以及分布的基本情况，从而很好地探究数据中的内在联系。对样本的描述性统计主要通过 SPSS 中“分析—描述统计—频率”指令获得，主要包括被调研者的性别结构、年龄结构、受教育程度等。统计分析被调研者的特征，我们可以清晰直观地看到在线健康医疗网站用户的群体差异。本书描述性统计结果汇总如表 4-1 所示。

表 4-1　样本描述性统计分析

分类		频数	占比/%
性别	男	179	38
	女	292	62
年龄	19 岁及以下	24	5.1
	20～29 岁	315	66.8
	30～39 岁	45	9.6
	40～49 岁	64	13.6
	50 岁及以上	23	4.9
受教育程度	高中生及以下	72	15.3
	专科生	52	11
	本科生	248	52.7

续表

分类		频数	占比/%
受教育程度	硕士生	91	19.3
	博士生	8	1.7
是否为医护人员	是	36	7.6
	否	435	92.4
目前所在地区	省会城市	261	55.5
	地级城市	106	22.5
	县级城市	69	14.6
	乡镇地区	35	7.4
常用的在线健康医疗网站	百度快速问医生	327	69.4
	春雨医生	93	19.7
	阿里健康	120	25.5
	寻医问药	75	15.9
	其他	104	22
每月使用频率	0～1次	240	51
	2～3次	170	36.1
	4～5次	38	8
	6～7次	14	3
	8次及以上	9	1.9

续表

分类		频数	占比/%
使用的目的	个人健康咨询和信息查询	382	81.9
	帮助亲朋好友查询健康/医疗信息	216	44.6
	在平台上回答他人关于健康/医疗的问题	63	13.4
	在平台上了解或学习健康/医疗知识	178	37.8

在最终的471个有效样本中，男性有179人，占被调查群体的38%，女性有292人，占被调查群体的62%。由于身边接触到的群体以年轻人居多，所以样本在年龄分布上20～29岁占了66.9%，受教育程度上也是本科生居多，占了52.7%。在样本用户中，经常使用的在线健康医疗网站/平台主要表现为：使用百度快速问医的居多，有69.4%的群体，其次为使用阿里健康的用户，占了25.5%，此外，被用户使用的其他类型的在线健康网站/平台有好大夫在线、记健康等。这些用户使用在线健康医疗网站/平台的频率通常是1～3次，在用户使用目的调查中，我们发现大部分用户是用来健康咨询和查询、学习健康知识，患者在平台上回答他人健康问题的较少。

三、信度和效度检验

为了对有效样本进行假设检验，接下来本书要先对数据进行信效度的检验。信效度检验是实证分析中用于验证问卷结果内部一致性、可靠性和有效性的通用方法。本书主要利用 SPSS 和 Smart PLS 软件对收集到的样本数据进行信效度检验,从而进行模型验证和研究假设分析。

(一)信度检验

当用户在接受调查的时候会受到很多随机因素的影响,这些因素会影响问卷结果的可信度,通过信度检验,可以判断出收集到的数据的可靠性和一致性程度。问卷的信度是指问项测量的可信程度,表现为对同一变量采用类似问项反复测量后得到结果的一致性程度。通常信度检验的方法有四种:重测信度法、复本信度法、折半信度法、Cronbacha 信度系数法。对于采用李克特量表获得的数据进行信度分析时,通常采用的是 Cronbacha 信度系数法,本章是用李克特七点量表来测量变量,选择 Cronbacha 的 α 系数进行信度检验。

Cronbacha 的 α 系数的取值范围在 0～1,Cronbacha 的 α 系数越大,代表信度越高。通常情况下,若 α 系数大于 0.8,说明问卷的信度极佳;若 α 系数大于 0.7,代表问卷具有高信度;若 α 系数低于 0.6,则认为问卷不具可信度。一般的研究认为组合信度(CR)要大于等于 0.6,表明评估量表的内部一致性。

此外,标准因子载荷大于 0.5 时,就代表测量的变量和测量题项之间存在着相关性,当标准因子载荷大于 0.7 时,题项与测量变量间相关性高,值越高,表示项目与其对应构造之间的关系越强,见表 4-2。

表 4-2　信度分析结果

研究变量	标准因子载荷	删除该题项后的 α 值	Cronbacha's α	组合信度(CR)
隐私安全			0.879	0.925

续表

研究变量	标准因子载荷	删除该题项后的 α 值	Cronbacha's α	组合信度（CR）
PS1	0.893	0.828		
PS2	0.906	0.807		
PS3	0.892	0.849		
可访问性			0.883	0.928
ACE1	0.893	0.844		
ACE2	0.934	0.770		
ACE3	0.874	0.882		
易用性			0.825	0.897
EU1	0.851	0.791		
EU2	0.890	0.703		
EU3	0.845	0.783		
准确性			0.871	0.921
ACU1	0.904	0.803		
ACU2	0.893	0.809		
ACU3	0.879	0.842		
时效性			0.872	0.923
Time1	0.874	0.857		
Time2	0.921	0.762		
Time3	0.886	0.838		

续表

研究变量	标准因子载荷	删除该题项后的 α 值	Cronbacha's α	组合信度（CR）
可信度			0.912	0.944
CR1	0.923	0.876		
CR2	0.924	0.867		
CR3	0.919	0.876		
可靠性			0.872	0.921
RL1	0.899	0.803		
RL2	0.884	0.834		
RL3	0.894	0.821		
响应性			0.850	0.909
RP1	0.856	0.833		
RP2	0.896	0.752		
RP3	0.879	0.780		
同理心			0.853	0.911
EMP1	0.880	0.788		
EMP2	0.898	0.760		
EMP3	0.859	0.832		
感知有用性			0.885	0.921
PU1	0.844	0.862		
PU2	0.881	0.840		

续表

研究变量	标准因子载荷	删除该题项后的 α 值	Cronbacha's α	组合信度(CR)
PU3	0.868	0.848		
PU4	0.855	0.858		
期望确认			0.912	0.945
EC1	0.914	0.890		
EC2	0.940	0.840		
EC3	0.912	0.887		
满意度			0.862	0.917
Satis1	0.844	0.856		
Satis2	0.913	0.763		
Satis3	0.902	0.789		
持续使用意愿			0.894	0.937
CON1	0.924	0.833		
CON2	0.941	0.802		
CON3	0.869	0.859		

表 4-2 中统计出的各变量的 Cronbacha's α 值均大于 0.8，可知本章问卷的信度是好的，删除任何一个题项后的 Cronbacha's α 都没有提高，说明没有需要删除的问项，而且每个变量的组合信度都大于 0.8，说明量表具有较高的内部一致性，每个题项的标准因子载荷在 0.844～0.940，均大于 0.7，这表明量表题项与测量变量间的相关性是高的。以上结果反映本书的问卷具

有较高的可信度，量表具有一致性。此外，从表 4-3 中变量旋转因子载荷可以看到各个变量因子载荷都大于 0.7，并且变量间的测量没有交叉载荷，即与其他变量的载荷没有比自己的载荷高，初步可知本次问卷的数据有良好的效度，下面将从内容效度、结构效度对样本数据做进一步的效度分析。

表 4-3 变量旋转因子载荷

可信度	易用性	期望确认	可访问性	隐私安全	感知有用性	响应性	满意度	时效性	准确性	持续使用意愿	同理心	可靠性
0.923	0.522	0.612	0.419	0.572	0.595	0.557	0.645	0.575	0.738	0.578	0.600	0.671
0.924	0.480	0.577	0.380	0.586	0.527	0.547	0.608	0.531	0.683	0.519	0.573	0.656
0.919	0.512	0.596	0.412	0.527	0.531	0.551	0.636	0.542	0.682	0.553	0.587	0.656
0.480	**0.851**	0.421	0.561	0.377	0.330	0.451	0.444	0.371	0.492	0.340	0.470	0.436
0.486	**0.890**	0.459	0.479	0.352	0.457	0.508	0.472	0.406	0.460	0.417	0.474	0.480
0.450	**0.845**	0.436	0.460	0.381	0.430	0.467	0.447	0.432	0.504	0.432	0.528	0.499
0.602	0.486	**0.914**	0.373	0.463	0.685	0.609	0.708	0.566	0.595	0.633	0.638	0.645
0.591	0.446	**0.940**	0.364	0.414	0.669	0.607	0.707	0.509	0.546	0.642	0.656	0.645
0.594	0.476	**0.912**	0.382	0.443	0.636	0.586	0.733	0.508	0.537	0.638	0.599	0.565
0.333	0.470	0.345	**0.893**	0.413	0.309	0.395	0.388	0.394	0.382	0.335	0.392	0.389
0.396	0.517	0.363	**0.934**	0.388	0.339	0.378	0.396	0.418	0.382	0.334	0.409	0.365

续表

可信度	易用性	期望确认	可访问性	隐私安全	感知有用性	响应性	满意度	时效性	准确性	持续使用愿意	同理心	可靠性
0.453	0.580	0.385	**0.874**	0.366	0.338	0.436	0.401	0.376	0.420	0.354	0.420	0.395
0.544	0.366	0.417	0.352	**0.893**	0.382	0.406	0.466	0.431	0.566	0.391	0.452	0.566
0.516	0.351	0.392	0.378	**0.906**	0.330	0.385	0.418	0.418	0.501	0.372	0.399	0.484
0.577	0.433	0.472	0.429	**0.892**	0.425	0.423	0.491	0.419	0.591	0.423	0.497	0.548
0.486	0.428	0.564	0.340	0.380	**0.844**	0.483	0.562	0.472	0.503	0.642	0.593	0.600
0.496	0.379	0.612	0.309	0.323	**0.881**	0.491	0.614	0.446	0.504	0.621	0.572	0.597
0.540	0.392	0.622	0.297	0.429	**0.868**	0.493	0.623	0.500	0.538	0.587	0.586	0.560
0.541	0.420	0.682	0.314	0.330	**0.855**	0.532	0.594	0.506	0.510	0.598	0.535	0.566
0.556	0.470	0.582	0.358	0.388	0.566	**0.856**	0.600	0.476	0.482	0.591	0.593	0.639
0.530	0.469	0.592	0.394	0.400	0.504	**0.896**	0.563	0.539	0.472	0.558	0.574	0.629
0.487	0.511	0.538	0.428	0.400	0.454	**0.879**	0.553	0.529	0.477	0.490	0.573	0.579
0.595	0.424	0.657	0.326	0.407	0.588	0.528	**0.844**	0.461	0.546	0.625	0.551	0.520
0.649	0.500	0.729	0.419	0.507	0.648	0.602	**0.913**	0.509	0.589	0.686	0.622	0.647
0.575	0.475	0.679	0.418	0.445	0.611	0.603	**0.902**	0.471	0.542	0.748	0.596	0.587

续表

可信度	易用性	期望确认	可访问性	隐私安全	感知有用性	响应性	满意度	时效性	准确性	持续使用愿意	同理心	可靠性
0.515	0.414	0.503	0.365	0.445	0.516	0.562	0.459	**0.874**	0.585	0.476	0.580	0.561
0.505	0.404	0.514	0.388	0.379	0.481	0.500	0.481	**0.921**	0.502	0.446	0.552	0.514
0.576	0.432	0.518	0.425	0.438	0.499	0.510	0.513	**0.886**	0.529	0.484	0.533	0.532
0.747	0.558	0.570	0.407	0.569	0.545	0.537	0.608	0.535	**0.904**	0.560	0.603	0.630
0.633	0.465	0.485	0.330	0.533	0.466	0.418	0.528	0.491	**0.893**	0.458	0.532	0.554
0.652	0.480	0.566	0.433	0.548	0.581	0.496	0.549	0.586	**0.879**	0.481	0.608	0.658
0.583	0.343	0.635	0.309	0.443	0.604	0.544	0.675	0.505	0.536	**0.869**	0.586	0.615
0.516	0.472	0.620	0.364	0.373	0.657	0.588	0.715	0.456	0.502	**0.924**	0.598	0.555
0.539	0.435	0.636	0.359	0.395	0.678	0.573	0.731	0.475	0.500	**0.941**	0.615	0.608
0.537	0.474	0.607	0.391	0.463	0.541	0.582	0.624	0.550	0.568	0.563	**0.880**	0.612
0.598	0.496	0.608	0.390	0.464	0.578	0.580	0.585	0.549	0.631	0.572	**0.898**	0.666
0.543	0.528	0.590	0.412	0.398	0.628	0.581	0.547	0.539	0.520	0.600	**0.859**	0.662
0.646	0.470	0.553	0.373	0.569	0.606	0.579	0.587	0.548	0.596	0.581	0.641	**0.899**
0.556	0.490	0.585	0.391	0.484	0.544	0.629	0.532	0.523	0.557	0.542	0.666	**0.884**

续表

可信度	易用性	期望确认	可访问性	隐私安全	感知有用性	响应性	满意度	时效性	准确性	持续使用愿意	同理心	可靠性
0.716	0.502	0.656	0.375	0.537	0.653	0.669	0.648	0.535	0.691	0.615	0.663	**0.894**

(二)效度检验

问卷的效度是指问项测量的准确度和有效性，效度检验即问卷量表能够准确、客观地反映事物属性的程度。测量结果与要考察的内容越吻合，则效度越高，问卷的效度检验通常包括两个方面：内容效度和结构效度。

1. 内容效度

内容效度指的是问项测量的内容与测量目的之间是否适合。内容效度的检验通常不靠数据统计，一般由研究者或专家评判所选题项是否“看上去”符合测量的目的和要求。本书的量表设计是在前人成熟量表的基础之上，结合在线健康医疗网站的使用背景进行了修改，并且咨询了类似研究方向的专家和学者。他们对问卷的内容、逻辑和语句给了很多修改意见，所以本书的问卷具有较好的内容效度。

2. 结构效度

结构效度是指量表实际测到所要测量的理论结构的程度，具有较好的结构效度的量表说明其测量的结果与相关理论之间相一致。结构效度是量表好坏最重要的指标之一，主要通过聚合效度和区分效度来体现。

3.聚合效度

聚合效度指对同一变量的测量指标间彼此的相关度。一般通过平均方差提取率(AVE)来检验聚合效度,若每个变量的平均方差提取率都大于0.5,则说明观察变量能很好地解释各个测量维度。

4.区分效度

区分效度指对不同变量的测量指标间彼此的相关度。一般通过各变量间的相关系数矩阵来检验判别效度,若各变量的平均方差提取率平方根大于该变量与其他变量之间的相关系数,则认为该测量模型具有较好的区分效度。

表 4-4 效度分析结果

测量变量	AVE	1	2	3	4	5	6	7	8	9	10	11	12	13
1. ACU	**0.796**	**0.892**												
2. CR	**0.850**	0.761	**0.922**											
3. RL	**0.796**	0.689	0.717	**0.892**										
4. EMP	**0.773**	0.652	0.637	0.736	**0.879**									
5. RP	**0.770**	0.544	0.598	0.702	0.661	**0.877**								
6. PU	**0.743**	0.596	0.598	0.674	0.663	0.580	**0.862**							

续表

测量变量	AVE	1	2	3	4	5	6	7	8	9	10	11	12	13
7. CON	**0.831**	0.562	0.597	0.649	0.658	0.623	0.710	**0.912**						
8. Time	**0.800**	0.603	0.596	0.600	0.621	0.587	0.558	0.524	**0.894**					
9. EU	**0.744**	0.563	0.547	0.547	0.568	0.551	0.469	0.459	0.466	**0.863**				
10. EC	**0.851**	0.607	0.646	0.671	0.685	0.651	0.720	0.691	0.572	0.509	**0.922**			
11. Satis	**0.786**	0.630	0.683	0.661	0.666	0.653	0.695	0.776	0.542	0.527	0.776	**0.887**		
12. ACE	**0.811**	0.438	0.438	0.425	0.452	0.448	0.365	0.378	0.440	0.581	0.405	0.439	**0.901**	
13. PS	**0.805**	0.617	0.609	0.594	0.502	0.452	0.424	0.441	0.471	0.429	0.477	0.512	0.432	**0.897**

注:对角线上加粗数值为 AVE 值的平方根,下三角阵为相关系数矩阵。

ACU 表示“准确性”、CR 表示“可信度”、RL 表示“可靠性”、EMP 表示“同理心”、RP 表示“响应性”、PU 表示“感知有用性”、CON 表示“持续使用意愿”、Time 表示“时效性”、EU 表示“易用性”、EC 表示“期望确认”、Satis 表示“满意度”、ACE 表示“可访问性”、PS 表示“隐私安全”。

本章使用 SmartPLS 3.0 软件计算出各变量的平均方差提取率(AVE)以及相关系数矩阵,如表 4-4 所示,我们可以看到本章变量的 AVE 值均大于 0.5,而且所有变量 AVE 值的平方根都大于交叉变量的相关系数,说明本章的测量模型具有良好的区分效度和聚合效度。

但是某些变量之间的高度相关性会影响我们结果的有效性,如从表 4-4 中可以看到可靠性和可信度的相关度很高,达到 0.717,为了识别某些变量之间高度相关的威胁，我们需要通过计算潜变量的VIF(variance inflation factor)值来诊断多重共线性。VIF值越大，说明变量间的共线性越严重，如果VIF值低于5，那就说明不存在多重共线性的威胁。共线性的检验结果如表4-5所示，我们可以看到测量网站质量的12个指标的VIF值都小于3，保证了同一变量的测量指标之间不存在多重共线性，系统质量、信息质量、服务质量这三个维度的VIF值也都小于5，所以网站质量的各维度之间也不存在共线性。此外，感知有用性、期望确认、满意度以及持续使用意愿的VIF值都小于3(分别是2.189、2.461、2.189、1.979)。以上分析表明本章的变量之间相对较高的相关性不影响我们结果的有效性。

表4-5 共线性分析结果

变量		VIF	
系统质量	隐私安全	1.335	2.368
	可访问性	1.656	
	易用性	1.652	
信息质量	准确性	2.659	3.5
	时效性	1.718	
	可信度	2.634	
服务质量	可靠性	2.706	3.186
	响应性	2.242	
	同理心	2.372	
感知有用性		2.189	
期望确认		2.461	

续表

变量	VIF
满意度	2.189
持续使用意愿	1.979

四、结构模型分析和研究假设检验

在检验了模型的信效度后，本章主要利用 SmartPLS 3.0 对概念模型进行了结构模型路径系数估算和模型假设检验。此外，中介效应主要利用 SPSS 中的 PROCESS 插件进行分析。

（一）结构模型分析

1. 主效应分析

路径系数是一种回归系数，主要包括标准化系数和非标准化系数两种。它的数值表示的是测量变量之间影响水平的大小和关系：如果路径系数为正，代表变量间的影响关系是正向的；反之，则变量间的影响关系是负向的。路径系数的绝对值越大，变量间的影响程度就越大，本书的结构模型分析结果（见图 4-1）。

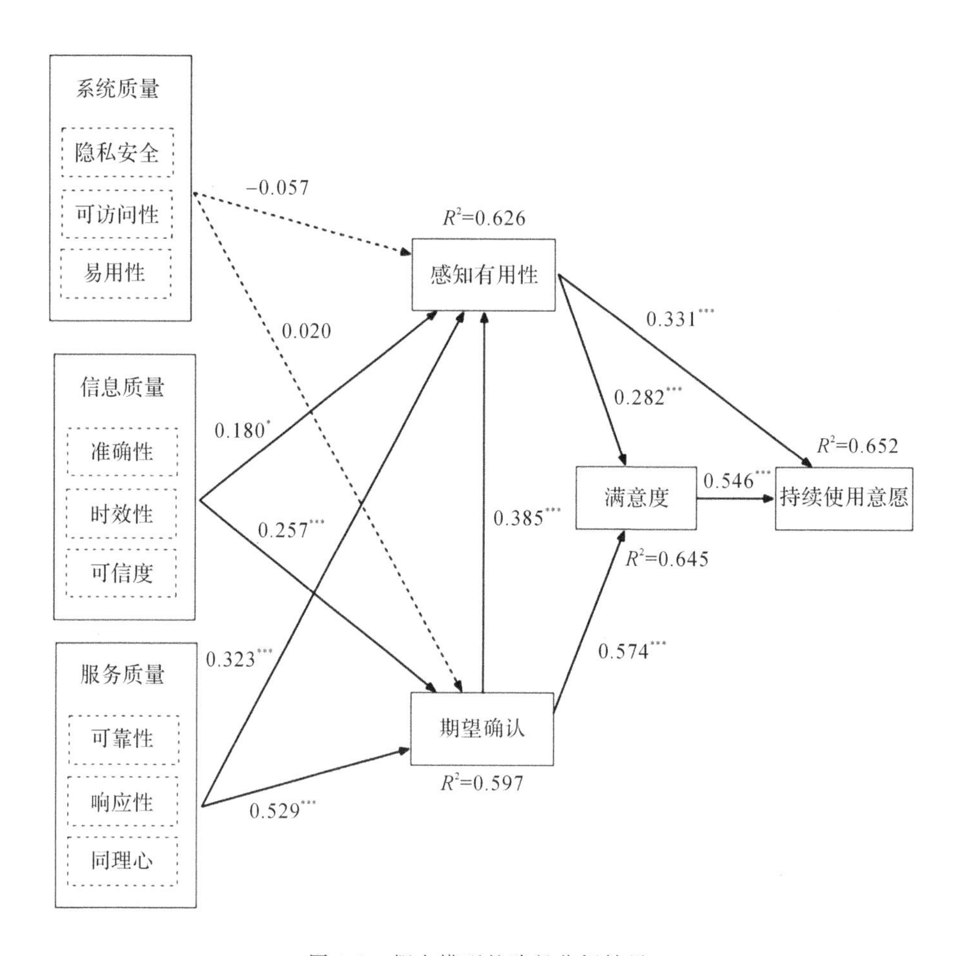

图 4-1　概念模型的路径分析结果

注：* $P<0.05$，** $P<0.01$，*** $P<0.001$。

结构模型中广泛使用的结构模型解释力度的测量指标是确定系数 R^2，它测量的是研究模型预测的准确性，PLS 路径模型中，当 R^2 的值等于 0.19、0.33、0.67 时分别表示为解释能力薄弱、解释能力中等、解释能力较好。由图 4-1 可知感知有用性、期望确认、满意度、持续使用意愿的 R^2 分别为 0.626、0.597、0.645、0.652，说明该结构方程模型的解释能力较好。

在网站质量的三个维度中，系统质量对感知有用性和期望确认的路径系数分别为－0.057、0.020，P 值均大于 0.05，不显著，假设 H1、H2 不成立；信息质量对感知有用性和期望确认的路径系数分别是 0.180、0.257，P 值分别为 0.029（小于 0.05）、0.000（小于 0.001），具有显著性，验证了假设 H3、H4；服务质量对感知有用性和期望确认的路径系数分别是 0.323、0.529，P 值都为 0.000（小于 0.001），有显著性，验证了假设 H5、H6。从路径系数和显著性可以看出，在线健康医疗网站的服务质量对用户感知有用性和期望确认的影响较大。此外，期望确认对感知有用性和满意度的路径系数分别是 0.385、0.574，P 值都小于 0.001，具有显著的正向影响，验证了假设 H7、H8；感知有用性对用户满意度和持续使用意愿的路径系数分别为 0.282、0.331，P 值以小于 0.001 的水平产生显著性的正向影响，验证了假设 H9、H10。最后，满意度对用户持续使用意愿之间的路径系数为 0.546，P 值为 0.000，表明具有显著正向影响，验证了假设 H11。

2. 中介效应分析

中介效应指的是自变量通过一个中间的变量对因变量产生影响，中间的这个变量称为中介变量，它对自变量和因变量之间产生的作用被称为中介效应。如果自变量和因变量之间有两个及两个以上的中介变量，那它产生的中介影响是这两个中介变量的中介效应之和。本书的中间变量包括了用户对在线健康医疗网站的感知有用性、期望确认和满意度，属于多步多个中介变量的情况，所以我们采用 SPSS PROCESS 宏程序通过 Bootstrap 方法对数据进行中介效应分析。关于软件输出的结果，我们根据 Boot CI 上限和 Boot CI 下限的值是否包含“0”来判断中介效应是否具有显著性。当直接效应的 Boot CI 上限和 Boot CI 下限包含“0”，间接效应的 Boot CI 上限和 Boot CI 下限不包含“0”时，则说明存在完全中介效应；若直接效应的 Boot CI 上限和 Boot CI 下限不包含“0”，间接效应的 Boot CI 上限和 Boot CI 下限也不包含“0”时，则说明存在部分中介效应，并且可以根据相应的效应量来判断中介效应的程度。

表 4-6　中介效应分析结果

路径		效应值	Boot 标准误	*T* 值	Boot CI 上限	Boot CI 下限	相对效应量/%
	总效应	0.5739	0.0426	13.461	0.4901	0.6577	
SYSQ→CU	直接效应	0.0460	0.0378	1.2177	−0.0282	0.1202	8
SYSQ→PU→SAT→CU	间接效应	0.5279	0.0379		0.4536	0.6023	92
	总效应	0.6696	0.0368	18.188	0.5973	0.7420	
IQ→CU	直接效应	0.0930	0.0424	2.1941	0.0097	0.1763	14
IQ→PU→SAT→CU	间接效应	0.5767	0.0381		0.5022	0.6520	86
	总效应	0.8068	0.0359	22.475	0.7363	0.8774	
SERQ→CU	直接效应	0.2491	0.0481	5.1734	0.1545	0.3437	31
SERQ→PU→SAT→CU	间接效应	0.5578	0.0497		0.4630	0.6560	69
	总效应	0.5739	0.0426	13.461	0.4901	0.6577	
SYSQ→CU	直接效应	0.0611	0.0399	1.5328	−0.0172	0.1395	11
SYSQ→PC→SAT→CU	间接效应	0.5128		0.0393	0.4377	0.5909	89
	总效应	0.6696	0.0368	18.188	0.5973	0.742	

续表

路径		效应值	Boot 标准误	T 值	Boot CI 上限	Boot CI 下限	相对效应量/%
IQ→CU	直接效应	0.1474	0.0439	3.3561	0.0611	0.2338	22
IQ→PC→SAT→CU	间接效应	0.5222		0.0512	0.4241	0.6244	78
	总效应	0.8068	0.0359	22.475	0.7363	0.8774	
SERQ→CU	直接效应	0.3254	0.0497	6.5476	0.2277	0.4231	40
SERQ→PC→SAT→CU	间接效应	0.4814		0.0639	0.3611	0.6101	60

注:SYSQ 表示"系统质量",IQ 表示"信息质量",SERQ 表示"服务质量",PU 表示"感知有用性",PC 表示"期望确认",SAT 表示"满意度",CU 表示"持续使用意愿"。

表 4-6 是本书的中介效应检验结果,从中我们可以看到"系统质量→持续使用意愿"的路径中,直接效应的 Boot CI 上限和 Boot CI 下限包含了"0",而"系统质量→感知有用性→满意度→持续使用意愿"的路径中,间接效应的 Boot CI 上限和 Boot CI 下限没有包含"0",这就说明"感知有用性""满意度"在"系统质量→感知有用性→满意度→持续使用意愿"的路径中起到了完全中介的作用。同理,"期望确认""满意度"在"系统质量→期望确认→满意度→持续使用意愿"的路径中也起到了完全中介的作用。此外,"信息质量→持续使用意愿"的路径中,直接效应的 Boot CI 上限和 Boot CI 下限没有包含"0","信息质量→感知有用性→满意度→持续使用意愿"的路径中,间接效应的 Boot CI 上限和 Boot CI 下限也没有包含"0",这就说明"感知有用性""满意度"在"信息质量→感知有用性→满意度→持续使用意愿"的路径中起到了部分中介的作用,并且,我们通过其 86%的间接效应可知

这两个中介变量的中介效应量比较明显。同理，我们可以知道“感知有用性”“满意度”在“服务质量→感知有用性→满意度→持续使用意愿”的路径中起到了部分中介的作用。“期望确认”“满意度”在“信息质量→期望确认→满意度→持续使用意愿”和“服务质量→期望确认→满意度→持续使用意愿”的路径中也起到了部分中介的作用。

(二)研究假设检验

通过结构方程模型的分析得知本书的11个假设中有2个不成立，其余的都成立。本章基于信息系统成功模型把在线健康医疗网站质量评估划分为系统质量、信息质量、服务质量这三个维度，再结合期望确认模型，形成了本书的概念模型。最终的实证研究结果表明系统质量不显著影响感知有用性和期望确认，信息质量和服务质量都显著影响用户对在线健康医疗网站的感知有用性和期望确认，进而感知有用性、期望确认显著影响用户的满意度和持续使用意愿。具体结果如表4-7所示。

表4-7 假设结果汇总

研究假设	假设说明	假设结果
H1	在线健康医疗网站的系统质量正向影响用户对网站的感知有用性	不成立
H2	在线健康医疗网站的系统质量正向影响用户对网站的期望确认	不成立
H3	在线健康医疗网站的信息质量正向影响用户对网站的感知有用性	成立

续表

研究假设	假设说明	假设结果
H4	在线健康医疗网站的信息质量正向影响用户对网站的期望确认	成立
H5	在线健康医疗网站的服务质量正向影响用户对网站的感知有用性	成立
H6	在线健康医疗网站的服务质量正向影响用户对网站的期望确认	成立
H7	用户对在线健康医疗网站的期望确认正向影响用户对网站的感知有用性	成立
H8	用户对在线健康医疗网站的期望确认正向影响用户对网站的满意度	成立
H9	用户对在线健康医疗网站的感知有用性正向影响用户对网站的满意度	成立
H10	用户对在线健康医疗网站的感知有用性正向影响用户对网站的持续使用意愿	成立
H11	用户对在线健康医疗网站的满意度正向影响用户对网站的持续使用意愿	成立

五、检验结果讨论

根据以上分析可知，本章研究对于在线健康医疗网站的质量评价，是基于信息系统成功模型把在线健康医疗网站质量评估划分为系统质量、信息质量、服务质量这三个维度。具体来说，结合前人的研究，在系统质量方面选择了隐私安全、可访问性、易用性作为评价指标，信息质量的评价指标是准确性、时效性、可信度，服务质量的评价指标是可靠性、响应性、同理心。再结合期望确认模型进行用户持续使用意愿研究，我们验证了网站的信息质量、服务质量对用户感知有用性和期望确认的影响，以及感知有用性和满意度对用户持续使用意愿的影响，但是网站系统质量没有显著影响感知有用性和期望确认。下面将进一步对数据分析结果进行讨论。

(一)在线健康医疗网站系统质量的影响

H1：在线健康医疗网站的系统质量正向影响用户对网站的感知有用性

H2：在线健康医疗网站的系统质量正向影响用户对网站的期望确认

在原期望确认模型的基础上，将感知有用性和期望确认这两个自变量转变为中介变量，假设网站各维度的质量对用户的感知有用性和期望确认有显著影响，进而影响用户满意度和持续使用意愿。但是在本章中假设 1 和假设 2 都没有得到验证，也就是说明在线健康医疗网站的系统质量没有对用户的感知有用性和期望确认带来显著性影响。这样的研究结论与殷猛等(2017)的结论有相似部分，研究都表明系统质量对用户期望确认的影响不显著，但是殷猛等(2017)和周涛等(2011)的研究都表明信息系统的系统质量对用户的感知有用性是有影响的，研究结论上的相似和不同的部分值得我们进一步探究和讨论，当然，造成不同结论的原因有多种，比如研究对象差异、研究方法差异等。按理来说，系统质量越高，用户的期望越是得到确认，也越能感受到网站的有用性，但是本章没有验证系统质量对感知有用性和期望确认的显著影响，也不能说明系统质量在健康医疗网站中是不重要的。假设不成立可以从以下几个方面进行解释：

首先，在线健康医疗网站是偏向于服务类型的网站，相对于系统质量而言，用户对信息质量和服务质量更抱有期望，希望通过该网站的信息和服务给自己带来一定的帮助，因此不会过多地关注网站“可访问性”“易用性”等不是很影响健康咨询需求结果的因素带来的不便，而且有时候网站使用不流畅是由于网速不好等外在因素造成的，所以系统质量和用户期望确认、感知有用性之间的关系不显著。

其次，对健康医疗网站系统质量的评估中“隐私安全”这一质量属性是用户比较敏感的。随着各式各样的互联网平台的兴起，用户的个人信息暴露也越来越多，例如在线健康医疗网站，用户使用之前需要进行手机验证注册，暴露了手机号等信息，使用的过程中与其他患者在社区交流、公开咨询医生等都会暴露自己病情等隐私，如果涉及一些付费项目，还会涉及交易账户的安全问题。大部分用户会觉得网站会将手机号、邮箱号等不会很威胁自己的个人信息泄漏出去，但是因为健康医疗网站提供的健康信息和医疗服务在有些时候确实能给自己带来用处，而且在使用的过程中也没有出现严重的隐私安全事故，所以总体上还是对该网站产生一定的满意度，也会在将来某些时候继续使用它。彭希羡等(2012)在研究影响用户持续使用微博的意愿的影响因素中也发现了用户知道微博存在很多安全隐患，依然一直在使用，并通过研究证实了感知到的隐私安全负向影响用户持续使用意愿，从一方面表明了隐私安全对于用户持续使用意愿的重要性。

综上所述，本章检验的概念模型，总的来说呈现出系统质量对用户感知有用性和期望确认的影响不显著，但是通过感知有用性、期望确认和满意度作为中介变量，用户最终仍然会继续使用健康医疗网站，说明系统质量还是不容忽视的。

(二)在线健康医疗网站信息质量的影响

H3：在线健康医疗网站的信息质量正向影响用户对网站的感知有用性

H4：在线健康医疗网站的信息质量正向影响用户对网站的期望确认

本章的假设3和假设4得到了验证，也就说明在线健康医疗网站的信息质量是显著影响用户的感知有用性和期望确认的，并且信息质量到感知有用性和期望确认的标准路径系数分别为0.180和0.257，表明信息质量对用户的期望确认影响更大些。通过健康医疗网站来获取健康信息、解答自己对健康方面的疑惑是用户经常使用的方法。当用户有一些轻微的健康问题时，希望健康医疗网站上的信息可以给自己一定的健康管理指导，如果通过查找健康信息带来了收获，用户对健康医疗网站的期望便会得到确认，也会觉得该网站对自己是有一定用处的。那么面对信息冗杂、难辨真伪的情况，给用户提供高质量的健康信息就显得尤为重要，信息质量越高，用户对健康医疗网站的期望越容易被确认，也越能感知到该网站的有用性。

(三)在线健康医疗网站服务质量的影响

H5:在线健康医疗网站的服务质量正向影响用户对网站的感知有用性

H6:在线健康医疗网站的服务质量正向影响用户对网站的期望确认

本章假设5和假设6也得到了验证,表明在线健康医疗网站的服务质量显著影响用户的感知有用性和期望确认。线下医疗服务质量评估的相关研究中已经表明了医疗服务的可靠性、响应性、同理心等对用户满意度和持续使用行为会产生显著影响。健康医疗网站的服务质量主要体现在在线问诊的过程中用户感受到的服务可靠性、服务响应性和服务同理心,当用户由于多种原因不能及时就诊,可以通过网站在线问诊的服务进行病况的初步诊断,期望其给自己带来一定的帮助。和线下医疗服务质量的影响类似,健康医疗网站提供给用户的服务质量越高,用户对网站的期望越容易被确认,也越能感知到该网站的有用性。

(四)在线健康医疗网站用户期望确认的影响

H7:用户对在线健康医疗网站的期望确认正向影响用户对网站的感知有用性

H8:用户对在线健康医疗网站的期望确认正向影响用户对网站的满意度

在本章中，用户的期望确认对网站感知有用性和满意度的标准路径系数分别为 0.385、0.574。假设 H7 和 H8 符合期望确认模型的经典假设，说明用户在使用在线健康医疗网站的期望确认显著影响用户对网站有用性的感知和使用后的满意度，从路径系数绝对值的大小我们可以得知，用户的期望确认更影响用户的满意度。用户对在线健康医疗网站的期望包括使用该网站后自己对健康问题的疑惑得到解答，因疾病带来的无助感得到安慰，可以提升自己在日常生活中管理健康的能力，以及使用的满意程度等。如果用户的期望过高或者在线健康网站的表现过差，都会导致用户使用后的期望得不到确认，导致用户产生失望的负面情绪，感知不到网站的有用性，也不会觉得满意。相反，如果用户的使用感受超过了自己的预期，对网站的期望得到了确认，此时，用户会觉得网站比自己想的要有用得多，满意度便也会增加。综上，用户的期望确认对在线健康医疗网站感知有用性和满意度有显著影响。

（五）在线健康医疗网站用户感知有用性的影响

H9：用户对在线健康医疗网站的感知有用性正向影响用户对网站的满意度

H10：用户对在线健康医疗网站的感知有用性正向影响用户对网站的持续使用意愿

本章的感知有用性对用户满意度和持续使用意愿的路径系数分别为 0.282 和 0.331。假设 H9 和 H10 也符合期望确认模型的经典假设。在线健康医疗网站是一种新型的信息系统，用户对其有用性的感知主要体现在它是否缓解了用户健康咨询方面的难题，有无提升用户管理自我健康的能力等。健康信息查询、在线挂号、在线问诊是在线健康医疗网站的基础功能，当用户因忙碌没有空去医院就诊，可以通过健康医疗网站在线问诊服务进行初步诊断，缓解疾病带来的压力。此外，病患交流的功能可以使有相同经历的病友进行经验交流，增强患者内心的安全感和治疗疾病的信心。在线健康医疗网站还有其他类型的服务，随着其多元化和规范化的发展，用户能感受到其从不同方面给自己带来的益处，用户的满意度会得到提高，也越来越愿意继续通过互联网医疗来辅助自己管理个人健康问题。

(六)在线健康医疗网站用户满意度的影响

H11:用户对在线健康医疗网站的满意度正向影响用户对网站的持续使用意愿

和大部分信息系统持续使用意愿的研究结果相似，本章也证实了用户对在线健康医疗网站的满意度显著影响用户的持续使用意愿，说明了重视用户满意度的提升是尤为重要的。那么如何提升用户的满意度？在本章中，重点在于提高在线健康医疗网站各方面的质量，促进用户的期望确认和感知有用性。此外，从前面的分析中我们可以看到，本章概念模型中内生变量满意的解释力度 R^2 的值为 0.645，比经典的期望确认模型中满意的解释力度($R^2=0.580$)要高，这表明本章的模型对满意度的解释更好些。

第五章　健康医疗网站质量多维度属性用户满意度和需求分析

一、用户满意度和需求分类的必要性

伴随着互联网业的爆炸性增长，用户来源快速变化，用户的需求越发多样化，在线健康医疗网站也朝着多元化的方向发展。面对激烈的市场竞争，只有有效提高网站的质量才能提升网站的运营绩效和竞争力。因此如何有效提高网站质量是解决问题的关键所在，换句话说就是，网站运营商需要了解用户的需求，并通过满足他们的期望和需求(尤其是关键需求)来提高用户满意度，以获得竞争优势(Kuo,2004)。在前两章的研究中我们发现，用户的满意度确实显著影响用户对在线健康医疗网站的持续使用意愿，先前的对用户满意度的假设研究也表明用户满意度与质量要素之间存在线性关系，但是，这种关系并不是那么简单。Chen 等(2011)认为并不是所有的质量要素都能满足用户需求，它们对用户满意度产生的影响也不同。对于某些质量要素而言，当用户将其视为理所当然的时候，它的实现不会增加用户的满意度；对于一些其他的质量要素而言，仅在性能上有少量改进就可以大大提高客户满意度。Tan等(2000)也指出使用传统的单向质量模型来提高客户满意度，可能会使用户产生对某些质量要素的过高或过低的满意度。因此，在面对各种各样的用户需求时，为了能够科学地提供或改进网站的质量属性，避免不必要的成本和资源浪费，了解网站不同维度的质量属性在用户内心的需求程度和对用户满意度的影响是非常重要的。本书在分析网站质量属性对用户持续使用意愿的影响后，又利用KANO模型对在线健康医疗网站不同细分质量属性进行分类需求分析，希望可以为健康医疗网站的运营商提供更合理的建议。

二、KANO的双向质量模型

(一) KANO模型的概念

美国心理学家赫茨伯格提出的“双因素理论”认为影响人们工作积极性的因素有保健因素和激励因素两种，缺少保健因素时会降低员工的工作积极性，获得激励因素时可以提高员工的工作积极性。日本质量管理大师Noriaki Kano(1984)受到了双因素理论的启发，跳出用户对产品/服务质量属性的需求的满足程度和用户满意度之间呈线性关系的视角，建立了双向质量模型——KANO模型。他认为部分产品/服务质量属性的需求满足程度和用户满意度之间呈非线性关系，也就是说，不是所有产品/服务质量属性的需求得到满足时，用户都会感到满意，对于某些因素，用户不会因其提升而提高满意度。通过图 5-1 我们可以看到，在 KANO 模型中，基于产品/服务质量属性对用户的需求的满足程度和用户满意程度之间的关系，通常将产品/服务质量属性划分为五类。

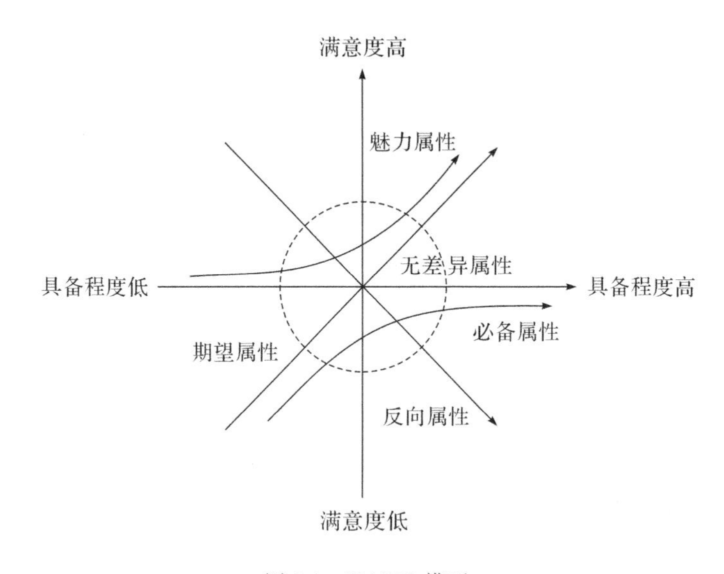

图 5-1　KANO 模型

注：横坐标表示质量要素的具备程度，纵坐标表示用户的满意程度。

(1)必备属性(Must-be Quality，M)：属于用户的基本需求，通常被认为是隐性需求，用户觉得这类属性是产品/服务必须有的。如果没有具备此类属性，用户会感到很不满意甚至可能会放弃使用产品/服务，造成用户的流失。但是此类属性如果具备了，不会因此给用户带来满意度的提升，因为这在用户心中是理所当然的。

(2)期望属性(Performance Quality，P 或者 One-dimensional Quality，O)：也被称为用户的一维需求，这类属性是 KANO 模型中唯一一个用户需求的满足程度和用户满意程度之间呈线性关系的属性。此类属性如果得到充分满足，那么用户的满意程度也会显著提高；如果此类属性没有很好地满足用户的需求,用户的满意程度也会很明显地下降。这类属性应该引起产品/服务管理者的重视,提高用户的满意度和自身的竞争力。

(3)魅力属性(Attractive Quality,A):此类属性往往是超过用户预期的需求,如果产品/服务具备魅力属性,用户的满意度会得到很大的提升,而如果不具备此类属性,用户的满意度也不会因此降低。魅力属性在用户心中是体现了产品/服务核心竞争力,是产品/服务的亮点所在。

(4)无差异属性(Indifferent Quality,I):此类属性在用户心中,无论其具备与否都不会影响用户的满意度。不过随着产品/服务的发展,无差异属性也有可能变为其他类型的属性,但是总的来说管理者在此类属性上不需要投入太多的精力,可以根据市场战略进行取舍。

(5)反向属性(Reverse Quality,R):此类属性与期望属性是相反的,用户需求的满足程度和用户满意程度之间呈负相关的关系。也就是说,此类属性是用户不需要的,越是得到满足,用户的满意程度反而越下降。

不同质量属性需求的满足程度会导致用户对满意度的感知产生不同的影响,管理者需要根据 KANO 模型的理论,以识别与客户满意度的相关的关键因素。

(二)KANO 模型的应用方法

1.KANO 问卷编制

KANO 问卷,针对每个产品/服务的质量属性,分别测量用户对具备或者不具备该质量属性时做出的反应。问卷的问题一般使用五级选项,分为:喜欢、理应如此、无所谓、勉强接受、我不喜欢。具体问卷格式如表 5-1 所示,要将每位用户对同一质量属性的需求答案放在一起,方便汇总;还需要注意的是,KANO问卷中每个质量属性都有正反两个题目,我们需要对正反之间的区别做一个强调,防止用户看错题目意思。此外,还需要对选项做一个说明,让用户有一个统一标准,好做选择。

表 5-1 KANO 问卷中正反向问题举例

问题	喜欢	理应如此	无所谓	勉强接受	我不喜欢
如果提供了该质量属性,你觉得怎样?					
如果没有提供该质量属性,你觉得怎样?					

2.KANO 二维属性归类

问卷数据收集和整理后,要对有效数据进行汇总归类,具体来讲是根据KANO模型需求评估表将所有用户对每个产品/服务的质量属性进行汇总,再根据每个产品/服务质量属性需求所占的比例进行分类(见表5-2和表5-3)。

表 5-2　KANO 模型需求分析评估

产品/服务质量属性需求量表		反向问题				
		喜欢	理应如此	无所谓	勉强接受	不喜欢
正向问题	喜欢	Q	A	A	A	O
	理应如此	R	I	I	I	M
	无所谓	R	I	I	I	M
	勉强接受	R	I	I	I	M
	不喜欢	R	R	R	R	Q

注:M 为必备属性,O 为期望属性,A 为魅力属性,R 为反向属性,I 为无差异属性,Q 为有疑问的结果。

表 5-3　KANO 模型需求分类汇总

质量属性	M	O	A	R	I	总数	类别
1							
2							
3							

注:M 为必备属性,O 为期望属性,A 为魅力属性,R 为反向属性,I 为无差异属性。

3. Better-Worse 系数计算

因为很多质量属性在类别统计数量上比较接近，所以在归类的时候不够明晰，我们需要进一步地了解其在用户心中的需求程度到底有多大，以对产品/服务进行精细的管理。Berger 等(1993)提出的 Better-Worse 系数可以弥补上述的不足，该系数也称用户满意度系数，是在 KANO 模型质量分类的基础上得出的，分为增加后的满意度系数和删除后的满意度系数，根据满意度系数我们可以了解到用户对产品/服务某个质量属性的需求程度。满意度系数具体的计算公式如下：

$$\text{Better 系数}=(A+O)/(A+O+M+I)$$

$$\text{Worse 系数}=-1\times(M+O)/(A+O+M+I)$$

公式中的 A、O、M、I 分别是所调查的用户对产品/服务的某个质量属性需求的人数占总人数的比率。Better 系数的数值在 0～1，表示产品/服务具备某个质量属性，用户的满意程度数值越接近 1，对用户满意度的影响越大。Worse 系数的数值在 −1～0，表示如果产品/服务不具备某个质量属性，用户的不满意程度数值越接近于−1，对用户的不满意程度的影响越大。基于每个质量属性的 Better-Worse 系数，我们以 Worse 系数为横坐标，Better 系数为纵坐标，以它们的均值为原点作出四分位的散点图，这样可以清晰地看出每个质量属性在用户心中的需求类型，并且可以根据 Better-Worse 系数绝对值大小判断质量属性的重要程度。第一象限为期望需求，属于 Better 系数高，Worse 系数绝对值也很高的情况；第二象限为魅力需求，属于 Better 系数高，Worse 系数绝对值低的情况；第三象限为无差异需求，属于 Better 系数低，Worse 系数绝对值也低的情况；第四象限为必备需求，属于 Better 系数低，Worse 系数绝对值高的情况。根据 Better-Worse

系数，我们应当对系数绝对值较高的质量属性优先完善，通常完善的顺序为必备需求—期望需求—魅力需求—无差异需求。

三、用户对在线健康医疗网站质量属性的满意度和需求分析

本章KANO问卷是根据前文提出的在线健康医疗网站不同维度下的质量属性进行设计的，共针对隐私安全、可访问性、易用性、信息准确性、信息时效性、信息可信度、服务可靠性、服务响应性、服务同理心这9个质量属性从具备与否两个方面进行询问。问卷数据的收集采用线上线下相结合的方式，在微信朋友圈、浙江工业大学校内和杭州西溪医院、浙江大学医学院附属第一医院发放问卷，共收回320份，再根据问卷填写的完整性和合理性剔除了29份无效问卷，最终对291份有效问卷进行分析。

首先将用户对每个质量属性的需求根据表格评估汇总，再根据每个质量属性需求所占的比例进行分类，最后计算Better-Worse系数并作出四分位散点图。本书对在线健康医疗网站不同维度下的质量属性用户需求分析结果如表5-4所示。

表5-4　KANO模型分析结果

质量属性	A	O	M	I	R	总数	类别	Better系数	Worse系数
隐私安全	27	120	125	19	0	291	M	0.51	−0.84
可访问性	86	128	34	43	0	291	O	0.77	−0.58
易用性	85	131	44	31	0	291	O	0.78	−0.63

续表

质量属性	A	O	M	I	R	总数	类别	Better 系数	Worse 系数
准确性	34	141	86	30	0	291	O	0.63	−0.81
时效性	77	117	56	41	0	291	O	0.70	−0.62
可信度	31	149	92	19	0	291	O	0.64	−0.85
可靠性	32	156	79	24	0	291	O	0.67	−0.84
响应性	67	131	50	43	0	291	O	0.71	−0.65
同理心	82	140	31	38	0	291	O	0.81	−0.62

注:M 为必备属性,O 为期望属性,A 为魅力属性,R 为反向属性,I 为无差异属性。

表 5-4 是本章对 9 个质量属性的初步划分,我们可以看到隐私安全属于必备属性,其他的均属于期望属性,大部分指标的分类值非常接近,比如“隐私安全”的必备属性为 125,期望属性为 120,还有“易用性”和“服务响应性”都是以 131 的分类值划分为期望属性的。为了进一步了解各质量属性在用户心中的需求程度,更好地满足网站的精细化管理需求,本章又计算出各质量属性的 Better-Worse 系数,并且制作了四分位散点图,使得网站各维度细分的质量属性在用户心中的需求程度更有层次地显示出来,最终的结果如图 5-2 所示。

由此我们可以知道“隐私安全”“信息准确性”“信息可信度”“服务可靠性”落在了第四象限,Better 系数低于平均值,Worse 系数较高,在用户心中属于必备需求,所以在线健康网站管理者要优先满足这些质量属性。其中“信息可信度”的 Worse 系数绝对值最高,是首先要关注的质量属性,由于“隐私安全”和“服务可靠性”的 Worse 系数一样,但是“服务可靠性”的

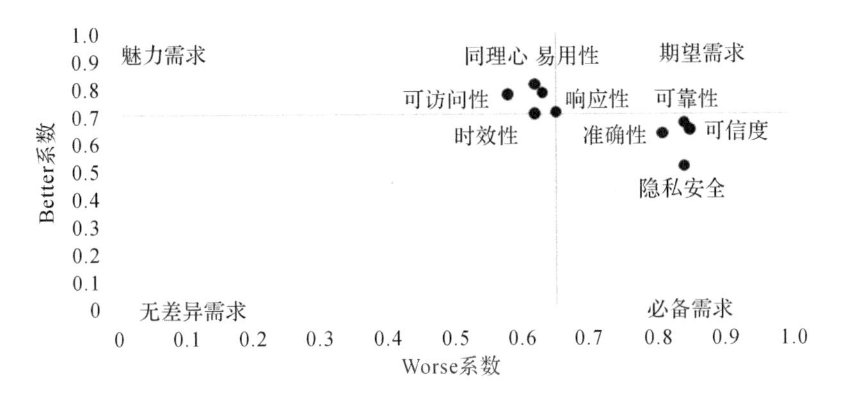

图 5-2　Better-Worse 系数四象限

Better 系数稍微高些，所以其次要关注的质量属性是“服务可靠性”，接着是“隐私安全”，最后关注的是“信息准确性”。此外，“可访问性”“服务同理心”“易用性”落在了第二象限，Worse 系数低于平均值，Better 系数较高，在用户心中属于魅力需求，如果具备，会增加用户的满意度，如果不具备对用户满意度的影响也不大，所以在线健康医疗网站管理者应该在满足用户必备需求后尽量完善这类质量要素。其中“服务同理心”的 Better 系数最高，应该优先重视，“易用性”次之，“可访问性”最后。此外，“信息时效性”和“服务响应性”落在了坐标轴上，但是可以看出“服务响应性”的 Better 系数高于平均值，Worse 系数刚好等于平均值，“信息时效性”的 Better 系数刚好等于平均值，这两个质量属性也不能忽视。总的来说，对于 Better 和 Worse 系数绝对值较高的质量属性要重点完善，本章的 9 个质量属性结合需求分类和 Better-Worse 系数绝对值大小进行重要性排序，结果是：“信息可信度”“服务可靠性”“隐私安全”“信息准确性”“服务同理心”“易用性”“可访问性”“服务响应性”“信息时效性”。

该结果与前面章节研究的网站各质量维度对用户持续使用意愿影响的

结果相似，信息质量和服务质量维度下的质量属性在用户心中的需求程度更高。信息质量和服务质量维度中“时效性”和“响应性”这两个质量属性都是与时间相关的，在用户心中需求不是特别重要。因为人们选择在网上进行健康问题的咨询，说明他们不是特别紧张于时间延迟带来的压力，所以这两个质量属性在用户心中的需求程度相比较于其他质量属性而言就轻了些。此外，系统质量中的“隐私安全”在用户心中属于必备需求，这样一个结论也验证了前文中对隐私安全重要性的解释。

四、在线健康医疗网站质量研究总结和管理建议

(一)研究总结

在国家医疗服务供给增量无法满足过快增长的医疗服务需求、健康医疗网站质量不高和用户黏性低的背景下，尽可能科学规范地为用户提供高质量的在线健康医疗网站显得尤为重要。以在线健康医疗网站为研究对象，从用户角度出发评价网站质量，分析用户持续使用意愿，并且进一步探究网站各维度质量属性在用户心中的需求程度。

在线健康医疗网站质量的实证研究，首先，选择期望确认模型(ECM)作为理论模型，假设健康医疗网站的系统质量、信息质量、服务质量通过影响用户的感知有用性和期望确认后，进一步影响用户满意度和持续使用意愿。最终经过数据收集和分析后我们发现，数据全部验证了原始期望确认模型的路径，并且也证实了我们假设健康医疗网站的信息质量、服务质量对用户感知有用性和期望确认的显著影响，但是并没有验证系统质量带来的影响。最后，又利用 KANO 模型分析了前文提到的用户评价

健康医疗网站系统质量、信息质量、服务质量中包含的9个网站质量属性在用户心中的需求差异。通过数据收集和分析后，我们了解到9个质量属性在用户心中的需求程度按重要性排序为：信息可信度、服务可靠性、隐私安全、信息准确性、服务同理心、易用性、可访问性、服务响应性、信息时效性。

两部分数据分析的结果具有一定的一致性，都表现了信息质量和服务质量在用户心中的重要性要比系统质量大些，但是KANO模型分析的结果表明系统质量中的“隐私安全”在用户心中属于必备需求。

（二）对在线健康医疗网站管理的建议

网站质量的高低是影响用户持续使用意愿的关键所在，本实证研究结果为在线健康医疗网站的管理者能够更好地运营网站提供了一定的管理启示，让管理者了解网站质量的各维度对用户黏性的影响，并且可以知道具体不同的质量属性在用户心中的需求程度，从而可以加大对重要维度的投资，减少对次要维度的关注，对不同的质量属性采取不同的策略，更科学合理地运营网站，提高运营绩效。本书给网站管理者和运营者的实践建议可包括以下一些方面。

（1）从网站质量维度对用户持续使用意愿的影响来看，在线健康医疗网站的三个质量维度中，信息质量和服务质量相对更重要些，从用户对不同维度下质量属性的需求程度来看，其与网站质量维度对用户持续使用意愿影响的结果相似，信息质量和服务质量维度下的质量属性在用户心中的需求程度更高。因此，网站管理者应该在保证系统质量达到标准的情况下，多思考如何提高网站的信息质量和服务质量。依据用户对各维度质量属性的需求差异来看，网站管理者首先要保证网站信息的可信度和服务的可靠性，此外，信息的准确性和服务的同理心在用户需求程度上也处于较高的地位，不容忽视。可信度主要从信息的来源是否权威、内容是否真实等方面进行把控，网站中还应该减少与健康主题无关的信息，比如商业广告，这些无用信息会让用户质疑网站的可信度。准确性主要要确保网站上提供的信息的专业性和正确性，不发布前后矛盾的健康信息。服务的可靠性和同理心的保证主要是依靠对网站上客服人员和医生群体的服务水平进行把控，在医务人员聘用中应该尽量选择高职称、高水平的医生以保证病情诊断的可靠性，另外要在服务态度上要求他们对前来咨询的用户保持真诚态度和礼貌，要理解用户的需求，站在他们的角度思考问题。

(2)对于信息质量和服务质量维度中“时效性”和“响应性”这两个在用户心中不是特别重要的质量属性，在满足所有质量属性之后可再采取一些策略进行完善。信息时效性方面主要体现的是健康医疗网站上健康知识、相关通告等更新的频率，那么为了更好地满足用户对健康信息的需求，网站应该定期更新健康知识，至少保证每周都有新的内容呈现给大家，从而提高网站的活跃性。服务响应性主要体现在客服或在线医生对用户问答回复的及时性，为了避免因等待焦虑而流失用户的现象，网站管理者应该对客服和医生规定值班期间有用户咨询时，要保证 2～3 分钟之内给予回复，否则采取相应的惩罚机制。

(3)在前文分析中我们知道系统质量对用户感知有用性和期望确认的影响不显著，但是属于系统质量维度的“隐私安全”质量属性是用户心中的必备需求。那么对健康医疗网站在隐私安全部分的管理，建议网站管理者从以下几个方面着手：首先，网站在用户注册个人账户的时候就要在默认的隐私安全设置中提供最高级别的配置，并且在用户选择开放部分权限时给予足够的安全提醒，告知用户进行该项操作后可能带来的风险。其次，在病患交流和健康咨询的模块中，由于涉及个人病情等隐私交流，所以应该给予用户仅自己可见交流内容的权限。最后，网站维护的技术人员应该从多方面提升自己对健康医疗网站的安全保障方面的技术水平，防止黑客等人员的非法入侵。

(4)对于系统质量维度中相对基础的“可访问性”“易用性”这两个质量属性，建议网站管理者应该开发设计清晰有序的网页排版，增强用户操作方面的易用性，让用户清楚地找到自己需要的功能模块。此外，在不受网络信号影响的情况下，网站管理者要确保网站中每一个链接的有效性，确保用户能够快速访问自己需要的主页。

(三)研究的局限性和未来展望

本书从用户的视角评估了在线健康医疗网站质量以及如何影响用户持续使用意愿，并进一步分析了网站各维度下的细分质量属性在用户心中的需求程度，最终研究结论为健康医疗网站的管理者提供一定的指导建议。然而，本书还存在一些不足之处，具体总结如下，同时也给相关研究者提供未来进一步的研究启示。

1.研究方法的单一性

本章的实证数据是采用问卷调查的方式收集到的，是对用户使用健康医疗网站感知的调查和询问，收集方法比较单一。未来研究中可以采取问卷调查法和实验研究方法相结合，招募被试进行情景模拟后再做相关问项调查，或者设计不同类别质量属性的网页内容由被试评估。

2.样本数据的局限性

样本数据描述性统计结果显示被访者的年龄集中在20～29岁，女性偏多，受教育水平一半为本科。虽然使用健康医疗网站的群体本身以年轻人居多，研究结果具有一定的参考意义，但是不同年龄、性别、受教育程度的人群对健康医疗网站质量属性的感知会存在不同。因此，在未来研究中可以扩大年龄群，并对不同性别、教育水平的用户进行问卷调查，从而使数据样本更加全面，增加研究的外部效度。

3.用户的特征异质性分析

使用在线健康医疗网站的用户群体所属地区、使用动机等特征存在差异，这些用户的异质性会对网站质量的感知存在一定的差异，尤其是地区差异带来的感知有用性的不同，譬如在医疗资源相对稀缺的地区的用户通过健康医疗网站解决健康方面问题后，对网站有用性的感知更深。还有，不同动机的用户会对网站的需求有所不同，当网站满足了其需求才会感到网站的有用性。在未来研究中，可以加入用户所在地区、使用动机等特征异质性因素来深入探究其对网站质量感知有用性和期望确认等的调节作用。

第六章　电子商务网站质量特征影响用户决策研究

一、电子商务购物网站特征研究基础

(一)电子商务购物网站特征研究背景

近年来,电子商务发展迅猛,规模不断扩大。中国互联网络信息中心(CNNIC)报告显示,截至2020年12月,我国网络购物用户规模达到7.82亿人,网络购物使用率提升至79.1%,与2020年3月相比,网购用户增长率为9.2%(CNNIC,2020)。随着网购用户数持续上涨,零售商之间的竞争进一步加剧,大多数企业根据市场特点和成本测算,发现保持原有客户的成本比吸引新客户的资源更低(Iqbal,2014)。此外,电子商务环境下顾客的忠诚度也有待提高。因此,越来越多企业从以吸引新客户资源为重点逐步转向促进和保持现有顾客以提高其重复购买意愿和行为。在电子商务情境下研究消费者的重复购买意愿和行为并考察影响消费者重复购买意愿和行为的因素等对企业和网站管理者都具有重要的意义。

网站是商家提供网上产品或服务买卖的通道,其网站特征的质量是影响消费者重复购买意愿的关键因素。消费者在网上购物不能体验真实商品,只能通过网站提供的信息线索来了解产品或服务,良好的网站特征可以帮助消费者了解产品并且对消费者初始信任建立(Wake field,Stocks & Wilder,2016)、持续信任形成以及愉悦产生等具有重要作用(Kim & Tadisina,2010;Wulf,Schille waert & Muylle,2006)。消费者信任和愉悦会进一步影响消费者的购买决策(Yang,Yang & Li,2013;Zhang,L & Gao,2014)。现有研究大多是从网站服务质量、消费者感知价值及在线体验等来研究在线消费者购买意愿(Yan,Li & Ke,2017;Mosunmola,Omotayo & Mayowa,2018;Kim & Lennon,2013),从不同的网站特征维度方面综合消费者认知和情绪的视角来研究消费者重复购买决策的较少。

本章研究基于线索使用理论,针对消费者在商家网站以及 B2C 平台上卖家店铺中期望购买商品的研究情境,从网站特征的内部线索和外部线索的视角,考察不同的网站特征对消费者信任和愉悦的影响,并进而影响消费者重复购买意愿的作用。本章的主要贡献有:以往研究对网站特征维度的划分众多且不一致(Loiacono,Watson & Goodhue,2007;Eroglu,Machleit & Davis,2001;Yoo & Donthu,2001;Wolfinbarger & Gilly,2003;Hsieh,Chen & Hong,2013;Seckler,Heinz & Forde,2015;Hasan,2016;Hayder,2017;Reghuthaman,2018),本章在前人研究基础上选取五个关键维度,并将其划分为内部线索(商品信息、视觉吸引力和导航性)和外部线索(安全性和响应速度);以往的研究侧重于从认知或情绪的单一角度来考察网站特征对用户的行为决策的影响(Ahamad & Zafer,2013;Floh & Madlberger,2013),本章把认知和情绪因素相结合来研究消费者决策；以往对网站特征影响的因变量研究多数侧重在消费者冲动购买和购买意愿，本章侧重于将消费者重复购买意愿作为研究因变量（Liu，Li & Hu，2013）。本章在理论上能为电子商务领域消费者决策和人机交互研究提供一定的理论贡献；在实践上为电子商务网站设计者、管理者以及卖家等提供理论指导和参考建议。

（二）消费者网购决策的复杂性以及卖家和产品的不确定性

电子商务的出现给大量的零售商提供了强大的能够直达消费者的营销渠道（Grandon & Pearson，2004；Jarvenpaa，2000）。电子商务的一个特性是买家和卖家在当前时间和空间上的分离（Lucking-Reiley，2000），网络市场允许买家在任何时间和地点购买产品。在传统商务环境中，消费者可以通过察看、接触和感觉产品的方式来直接评估产品质量，然而在电子商务环境中，所有买家和卖家的交互都是以网络接口为中介，传统检验产品的方式无法在网络环境中获取。Nelson（1970、1974）将产品分为两种：搜索型商品和体验型商品（Nelson，1970）。搜索型商品质量能够在购买之前评估，如 U 盘、图书、机票等；而体验型商品是指消费者购买前不容易评估的产品，其质量需要在购买后确定，如衣服、饰品、酒等。尽管有研究表明相比于体验型商品，消费者更愿意购买搜索型商品（Gupta et al.，2004），网络市场对于搜索型商品是完美的（Alba et al.，2007）。但是随着电子商务发展，对于许多传统零售商而言，网络销售收入已成为增长最快的业务部分，这使得零售商更有动机在网络售卖更加复杂和高端的产品（Ethier et al.，2006）。网络市场为体验型商品提供了一个大量的、未开发的收益资源（Gupta et al.，2004），也给零售商提出了一个挑战，即如何说服商品的体验属性。在以技术为中介的电子商务环境中，网络界面不太容易描述产品相关属性，实体体验型商品的电子商务仍面临诸多障碍(Dimoka, Hong & Pavlou, 2012)。

在网络购物情境下，因为无法亲身实地考察产品或者卖家，消费者面临很高的不确定性(Ba et al., 2003; Pavlou et al., 2007; Sun, 2006)。因为不完美的信息，消费者不能准确预估交易结果的程度，形成了不确定性(Pfeffer and Salancik, 1978)，进而难以做出网络购买决策。不确定性和部分信息相关联(Garner, 1962)，在网络市场里，产品和卖家的信息不对称，买家难以预测网络交易的结果，买卖双方的不确定性就会上升(Dimoka & Pavlou, 2008; Ghose, 2009)。这种不确定性已经被认为是网络交易的主要障碍(Ba et al., 2003; Gefen et al., 2008)，高不确定性导致消费者忙于大量的信息搜寻(Dowling & Staelin, 1994; Taylor, 1974)。不确定性成为消费者网络购物决策时特别重要的维度。在网络市场中消费者面临着信息不对称的两大主要来源，即卖家和产品(Dimoka & Pavlou, 2008; Ghose, 2009)，由此产生买家的信息不对称的两大来源分别是卖家不确定性和产品不确定性(Dimoka, Hong & Pavlou, 2012)。卖家不确定性是指买家难以评估卖家的真实特征以及预测卖家是否将会投机取巧(Dimoka, Hong & Pavlou, 2012)。因为卖家不愿意揭开他们真实的特征以及在未来是否配合消费者行动，消费者难以评估卖家的质量。卖家过去的交易记录、其他买家的反馈，以及买家和卖家之间的沟通等都能影响卖家不确定性。Dimoka、Hong & Pavlou(2012)认为产品不确定性是指买家在评估产品(产品描述不确定性)和预测其产品在未来的性能(产品性能不确定性)时存在困难。因为卖家没有能力在网络上描述产品，没有意识到所有隐藏的缺陷，尤其对于体验型商品而言，消费者难以区分“好”产品和“差”产品。因为买家和卖家的信息不对称，因此在如何降低买家的产品不确定性和卖家不确定性研究上，近年逐渐将信号理论应用在电子商务网络购买决策的研究中。

(三)信号理论及其在消费者网购决策中的应用研究

Knight(1921)经典著作描述的不确定性是指“不是完全的忽略也不是全部和完美的信息，而是部分的知识”。不确定性和部分信息相关联(Garner,1962),其环境的未来状态的程度因为不完美信息而不能完全地预估(Salancik & Pfeffer,1978)。信息问题可用信号理论来解决(Spence,1973)。作为一种框架来理解双方(买家和卖家)在契约前(购买前)情景中如何使用有限或隐含的信息的信号理论已经被广泛地应用在金融(Benartzi et al.,1997;Robbins & Schatzberg,1986)、管理(Certo,2003;Turban & Greening,1997)和营销(Boulding & Kirmani,1993;Kirmani,1997;Kirmani & Rao,2000;Rao et al.,1999)等学科领域。从消费者方面看，当面临信息不对称时(Kirmani & Rao,2000),可用信号理论来理解消费者如何评估产品质量。一种信号就是卖家使用的线索用来说服“对于买家而言不可观察的产品质量的信息可信度”(Rao et al.,1999)。当产品面临有限或部分信息时，信号理论作为一种手段，能够帮助买家使用这些线索或信号来评估产品质量，推断买家没法观察到的产品质量和不确定的价值(Crawford & Sobel,1982),更好地评估质量(Kirmani & Rao,2000),减少他们的不确定性，促进他们制定决策(Urbany et al.,1989)。在传统、离线商务中使用的信号通常是品牌(Erdem & Swait,1998)、零售商的信誉(Chu & Chu,1994)、价格(Dawar & Parker,1994)和店铺的环境(Baker et al.,1994)。电子商务网络市场是不对称信息市场的典型例子，Akerlof(1970)、Rothschild & Stiglitz(1976)及Spence(1973)关于不对称信息的市场的研究促进了许多电子商务研究(Ghose,2009;Li et al.,2009;Pavlou et al.,2007)。近年来，信息系统研究者开始使用信号概念来理解在网络交易中如何减少用户的不确定性(Pavlou et al.,2007)。一些学者应用信号理论研究传统市场的信号(如信誉、保障、广告花费)如何影响网络零售商的信任和认知风险(Aiken & Boush,2006;Biswas & Biswas,2004;Wang et al.,2004;Yen,2006)。因为信息不对称性伴随在技术中介的网络环境中,研究结果表明传统信号在网络渠道中比离线的传统市场更重要(Biswas & Biswas,2004)。Wells 等(2011)认为当消费者不展示易识别产品属性时,在技术为中介的环境中,网站质量是表达产品质量的潜在的强大的信号。Watson 等(2000)认为,对于电子商务网站来说,店铺环境控制了强大的一面,并能传递给消费者以推断产品质量。当消费者面临高的信息不对称时,尤其面对体验型产品时,网站质量的作用尤其显著。网站质量作为产品质量的一种信号的研究有助于我们从理论上理解网站质量如何影响网络购物体验(Wells et al.,2011)。Dimoka、Hong & Pavlou(2012)提出一系列网站的信息信号来减少产品不确定性:(1)网络产品描述的诊断(如文本、视觉和多媒体的产品描述);(2)卖家不确定性对这些网络产品描述的有效性;(3)第三方产品保证(第三方检查、历史报告、产品质保)。

(四)电子商务购物网站特征研究综述

1.网站特征

网站特征是网站用来满足用户需求的各种特点(Zhang & Chan,2017)。Hoekstra 等学者在研究中把网站特征定义为网站的内容(Hoekstra,Huizingh & Bijmolt,2015)。网站特征是指网站中某些可以影响网站设计、内容或者功能的特性。

目前,网站特征的维度尚未统一,不同领域的学者根据其研究的需求从不同的角度对网站特征的维度进行了划分。Loiacono 等学者认为网站的诸多特征代表了网站质量的许多方面，并设计了 WebQual，用 12 个维度来评估网站：信息适合任务、交互、信任、响应时间、设计、直觉、视觉吸引力、创新型、情感吸引力、交流、交易过程、可替代性（Loiacono，Watson & Goodhue，2007）。Eroglu 等学者提出了在线环境中网站特征的分类包括高任务相关和低任务相关的线索。高任务相关线索包括"所有能够促进和使得消费者购物目标达成的网站描述信息"，包括安全、下载延迟和导航等；低任务相关线索包括视觉吸引力或者网站愉悦等，低任务相关的线索在创造"潜在地使得购物经历更加愉悦的氛围"方面是重要的，但是在完成购物任务方面"相对"不重要（Eroglu，Machleit & Davis，2001）。学者 Yoo 和 Donthu 设计了 Site Qual 来测量网站质量，有四个维度如易用性、美学设计、处理速度和安全性（Yoo & Donthu，2001）。Wolfinbarger 和 Gilly 设计 eTailQ 问卷，包括 4 个维度，如网站设计、客户服务、可靠性/履行、安全性/保密来测量网站质量（Wolfinbarger & Gilly，2003）。Hsieh 等学者选择了视觉代表、导航性、链接、布局以及多媒体五个网页设计属性对我国台湾地区和澳大利亚的网站进行比较和分析，探讨与用户界面设计和经验相关的问题（Hsieh，Chen & Hong，2013）。更进一步，学者们对网站特征对于消费者购买决策的影响也进行了相关研究。例如，Seckler 等学者从图片设计、结构设计、内容设计、社会线索设计以及个人和社会证明五个设计维度来研究网站特征对消费者信任与否的影响（Seckler，Heinz & Forde，2015）。Hasan 从视觉、导航和信息 3 个关键网站设计特征入手，研究发现设计具有视觉吸引力的网站可以减少当前和潜在客户对刺激的负面感知（由恼人刺激引起的不愉快感觉），从而增加消费者的购买可能性（Hasan，2016）。学者 Hayder 研究发现易用性、产品信息、娱乐、信任、货币、客户支持 6 个网站因素对消费者购买行为具有显著性影响（Hayder，2017）。Reghuthaman

和Gupta研究发现影响网上购物的6大重要网站特征为：视觉外观、易用性、网站管理、交互性、安全和隐私信息以及经济利益（Reghuthaman，2018）。

通过对以往文献的综合和整理，本章发现视觉吸引力、导航功能、商品信息描述、网站安全和响应速度等是网站特征描述中的关键维度。以往的研究虽然有涉及视觉吸引力、导航功能、商品信息描述、网站安全和响应速度等变量中的一个或个别变量，但综合这5个网站特征变量进行分析从而全面探索其对用户认知和情绪以及后继的购买决策的影响的研究几乎没有，这为本章提供了研究的机会。此外，以往对网站特性对于消费者购买决策的影响多数侧重在消费者冲动购买以及购买意愿上，鲜少对消费者重复购买意愿进行研究（Liu，Li & Hu，2013）。因此，本章综合以往文献并结合电子商务消费者购买决策研究，把网站特征划分为商品信息、视觉吸引力、导航性、安全性和响应速度五个重要维度，对消费者重复购买意愿进行研究。

2.线索使用理论

线索使用理论由Cox提出，其线索可定义为"信息"，例如颜色、价格或他人观点等。产品所能展示的一系列线索可以作为潜在买家对该产品评估的质量指标。Cox根据线索对消费者的价值进行评价，把线索分为两类：线索预测价值和线索信心价值。线索预测价值代表线索的可靠性以及消费者利用该线索能判断产品质量的准确度，而线索信心价值代表消费者对自己能否正确使用和判断该线索的信心程度（Cox，1962）。学者Olson和Jacoby把线索使用理论扩展为内部线索和外部线索。内部线索是"内部于产品，如不改变产品本身的物理特性，它们就不能被改变"（Olson &

Jacoby,1972),例如大小、形状、味道等(Dimara,Baourakis & Kalogeras,2001;Kulshreshtha,Tripathi & Bajpai,2017);而外部线索是"与产品相关的属性,但不是物理产品的一部分"(Olson & Jacoby,1972),例如价格、品牌名称、商店名字等(Kang & Jung,2015;Thanajaro,2016)。

线索使用理论能够帮助研究人员评估和管理研究对象特征,在消费者决策领域中已有一些初始的应用。如 Pezoldt 等学者通过线索使用理论探讨产品的内在线索(气味)和外在线索(长颈细口瓶)对享乐型产品(如香水)购买意愿的影响,发现内在和外在产品线索必须相匹配来传达其统一信息(Pezoldt,Michaelis & Roschk,2014)。Qasem 等学者以品牌偏好为中介变量,社会因素为调节变量,探讨三种信息线索(原产地、品牌名称、价格)对消费者购买意愿的作用(Qasem,Baharun & Yassin,2016)。在网络购买决策研究中,Eroglu 等学者通过线索使用理论探究了网站氛围线索对消费者购买决策的影响(Eroglu,Machleit & Davis,2003)。Liu 等学者应用线索使用理论对网站特征进行主观评价,探究网站特征对消费者购买意愿的影响(Liu,Li & Hu,2013)。在本章情境下,网站特征是消费者了解和评估产品与卖家质量的关键信息线索,根据线索使用理论,网站特征对消费者决策具有重要的影响作用。

本章在网站特征对消费者重复购买意愿的影响的研究中,结合线索使用理论,把网站特征作为信息线索,并将其分为内部线索和外部线索,展开详细研究。网站特征的内部线索是网站固有的线索,当内部线索改变时,会从根本上改变网站的特性。外部线索是用来评估网站的线索,但不是网站的固有部分(Longstreet,2010)。因此,根据线索使用理论,本章把商品信息、视觉吸引力和导航性等这些能改变网站信息特性的线索归为内部线索,而把安全性和响应速度等这些不会改变网站信息特性的线索归为外部线索。

二、电子商务购物网站特征影响用户决策模型和研究设计

(一)研究模型

通过以往的文献,可知商品信息、视觉吸引力、网站导航性、安全性和响应速度等是五个重要的网站特征,基于学者 Longstreet 对内部线索和外部线索的定义及划分,本章把商品信息、视觉吸引力和导航性归为内部线索,把安全性和响应速度归为外部线索。在消费者购买决策和行为的研究中发现,网站特征对消费者的认知会产生影响,进而影响消费者的购买行为(Ahamad & Zafar,2013)。此外,对网站特征的感知受消费者的情绪影响,并且消费者情绪会进一步对消费者的购买行为产生影响(Floh,Madlberger,2013)。认知和情绪两者都是影响消费者决策的关键因素(Schwarz,2000)。在消费者众多认知维度中,信任是影响重复购买意愿的关键因素(Razak,Marimuthu & Omar,2014);愉悦在零售业消费者行为研究中是消费者显著的情绪反应(Eroglu,Machleit & Davis,2001;Russell,1979)。网站特征的内外部线索作为刺激因素会引起消费者认知情绪反应(信任和愉悦),消费者认知情绪进一步引起消费者的最终反应(消费者重复购买意愿)(Mehrabian & Russell,1974)。因此,本章基于线索使用理论,从网站特征的内部线索和外部线索两大视角,构建其不同网站特征对消费者信任和愉悦的影响关系,并进而影响消费者的重复购买意愿,其研究理论模型如图 6-1 所示。

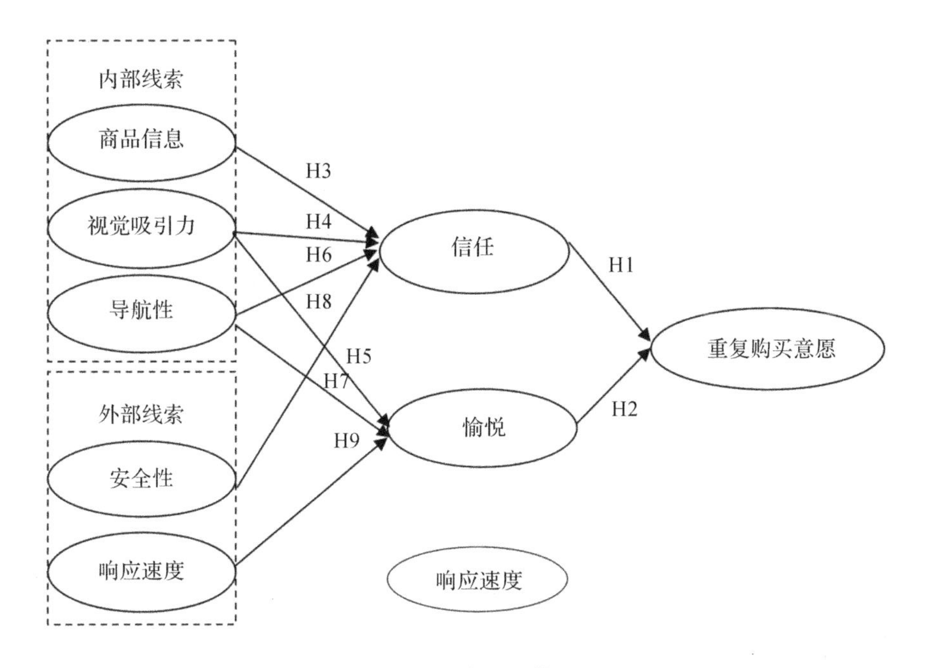

图 6-1 研究理论模型

(二)研究假设

信任是个体根据他人的期望行事的信心程度(Rizwan, Aslam & Rahman,2013)。信任在网上购物中起着决定性作用,它帮助消费者避免供应商可能的机会主义行为,从而增加消费者的购买意向(Zaine & Elya, 2015)。Haryono等学者在研究服务质量中发现信任对顾客的重复购买意愿具有显著性的正向影响(Haryono,Suharyono & Achmad,2015)。Jia等学者在电子商务研究中发现信任对消费者的回购意愿具有显著的积极影响(Jia,Cegielski & Zhang,2014)。Razak团队认为对于有购物经验的消费者而言,信任直接影响其重复购买意愿(Razak,Marimuthu & Omar,2014)。

学者 Wang 等在分析反馈机制的感知有效性对消费者满意度、信任和回购意愿之间的调节作用中，发现客户信任和反馈机制会共同影响回购行为(Wang，Du & Olsen，2018)。Aren 研究发现，信任、感知易用性和有用性三项与回购意向之间都存在正相关关系(Aren，Guzel & Kabaday，2013)。以上研究虽然在不同的研究情境和视角下，但都表明和验证了信任对消费者的重复购买意愿具有显著的正向影响。由此本书提出假设：

H1：信任显著正向地影响消费者的重复购买意愿

情绪是人们对事件或某刺激物的反应(Frijda，1993)。Pappas 等学者把情绪分为积极和消极两大类(Pappas，Papavlasopoulou & Kourouthanassis，2017)。愉悦是一种积极的情绪，会对消费者的重复购买意愿产生重要作用(Hicks，Page & Behe，2005)。Naami 和 Hezarkhani 研究发现积极情绪对顾客的重复购买意向有显著正向影响(Naami & Hezarkhani，2018)。Haryono 等学者发现服务质量会通过消费者愉悦对消费者产生积极的影响(Haryono，Suharyono & Achmad，2015)。Meyer、Barnes、Friend 等学者研究了愉悦在驱动回购意愿中的作用，其结果表明消费者愉悦程度越高，其购买意愿也越高(Meter，Barnes & Friend，2017)。现有研究从不同的研究情境证明了消费者愉悦对重复购买意愿具有显著性的影响。由此本书提出如下假设：

H2：愉悦显著正向地影响消费者的重复购买意愿

商品信息包括网站上提供的商品和服务信息的数量、准确性和形式等。网上购物消费者无法检测实体产品，其主要依赖于网站上呈现的文本、表格、图表、照片、音频和视频等在线信息来识别、比较和选择产品；如果网站具有良好的商品信息则可以帮助消费者更好地做出决策（Hayder，2017）。Foukis认为网站上的信息有效性与消费者对网站的信任相关（Foukis，2015）。还有学者发现网站上信息有效性能显著增强人们对网上购物的信任并同时促进购买意愿（Gao & Wu，2010）。此外，网站上提供的商品和服务等客观信息对消费者情绪的影响不大。由此本书提出如下假设：

H3：商品信息能显著正向影响消费者的信任（内部线索）

网站的视觉设计是指网站外观的一致性、美学和吸引力等，包括图像、颜色、字体、形状、动画和布局（Cyr & Bonanni，2005；Li & Yeh，2010）。视觉美学是最重要的网站特征，大多数消费者喜欢在网上购物是因为购物网站提供了大量高视觉吸引力的产品（Reghuthaman & Gupta，2018）。有学者研究发现在移动网站设计中，高度的设计美学吸引力可以获得更高的信任（Li & Yeh，2010）。Ganguly等学者认为美学元素正向影响信任，进而影响购买意愿（Ganguly，Dash & Cyr，2009；Cyr，Kindra & Dash，2008）。Seckler等在用户体验和网站特征对网站信任与否的研究中发现视觉设计吸引力和不信任具有显著的负相关性（Sechler，Heinz & Forde，2015）。

此外，在线环境的美学元素在唤起情绪反应中起着重要作用（Foxall，1997）。美学元素和对美学元素的感知与产品对消费者的情绪影响密切相关（Foukis，2015）。Parboteeah、Valacich、Wells研究发现当消费者与网站交互时，网站的视觉吸引力会影响消费者的愉悦度（Parboteeah，Valacich & Wells，2009）。由此本书提出如下假设：

H4：视觉吸引力显著正向影响消费者的信任（内部线索）

H5：视觉吸引力显著正向影响消费者的愉悦（内部线索）

网站的导航设计是指网站的页面和内容的组织以及结构布局等（Hasan，2016）。良好的网站导航设计对用户浏览或使用网站所需工作量等具有不可忽视的影响（Vance，Elie-dit-cosaque & Straub，2008）。简单直接的导航设计可以节省在线消费者寻找购买目标的时间和精力，帮助他们用最少的步骤完成购买交易（Hasan，2016）。网站具有良好的导航性可以加强用户友好性（Maraqa & Rashed，2018）。Cyr 等学者在研究网站设计中认为网站的导航性会影响用户对网站的信任（Cyr & Head，2013；Rahimnia & Hassanzadeh，2013）。还有学者研究发现网站的导航功能与在线消费者的认知信任以及情感信任呈正相关关系（Pi，Liao & Chen，2012）。

导航性不仅会影响消费者对购物网站的信任，还会对消费者的情绪产生影响。Chebat 和 Micho 研究表明消费者与商店环境的交互都会影响消费者的情感反应（Chebat & Michon，2003）。Floh 和 Madlberge 构建了一个包含购物愉悦感变量的研究模型，研究电子商务网站三类氛围因素（内容、设计以及导航）与冲动购买的关系，其研究发现网站导航能够显著影响用户的愉悦感（Floh & Madlberger，2013）。导航性作为网站环境氛围的因素之一（Richard，2005），本书认为网站具有良好导航性会对消费者的愉悦产生显著影响，由此提出如下假设：

H6：导航性显著正向影响消费者的信任（内部线索）

H7：导航性显著正向影响消费者的愉悦（内部线索）

安全性被定义为涉及安全保护等方面，例如口令、认证问题或通信协议版本等(Seckler,Heinz & Forde,2015)。网站安全性是网站的重要特征之一,消费者通过网站购买商品的主要原因是消费者信任该购物网站并认为该网站能提供安全感,如提供安全的信息交换或退款服务等(Reghuthaman & Gupta,2018)。Seckleret等学者发现安全性标志和消费者信任具有显著的相关性(Seckler,Heinz & Forde,2015)。还有研究发现网站的交易安全与在线消费者的认知信任以及情感信任呈正相关(Pi,Liao & Chen,2012)。此外,网站的安全性是为了保证消费者在购物网站上的交易能够安全地进行,能够对消费者信任产生影响,但对消费者情绪上的愉悦影响不大。由此本书提出如下假设:

H8:安全性显著正向影响消费者的信任(外部线索)

响应速度(下载延迟)是指在网站内的访问速度和显示速度(Palmer,2002)。Palmer认为响应时间集中于系统为用户活动提供响应的速度(Palmer,2002)。响应时间越短,响应速度越快。访问网站期间的响应(等待)时间至关重要,用户期望得到网站的立刻响应(Moustakis,Tsironis & Litos,2006)。响应时间和网站的成功紧密相关(Galletta,Henry & Mccoy,2004)。Rose和Straub认为较长的响应时间会使消费者对零售商的态度出现负面情绪(Rose & Straub,2001)。由此我们可以推出较长的响应时间对消费者的情绪可能会产生负面影响。此外,响应速度只是降低了网站的响应速度,对消费者是否信任该网站影响不大。由此本书提出如下假设:

H9:响应速度显著正向影响消费者的愉悦(外部线索)

(三)研究设计

1.变量测度

在量表的设计中,本章参考国内外相关学者已经使用过的成熟量表,并结合本章研究内容,设计出适合本书情境且具有良好信度和效度的量表。量表的题项主要采取李克特 7 级评分量表,-3~+3 分别表示从"非常不同意"到"非常同意"。

本章研究变量的测量操作具体是:(1)商品信息:该变量的测量参照 Hsieh 等编制的量表,共 4 个题项,如"商品信息的描述是完整的"(Hsieh & Tsao,2014);(2)视觉吸引力:该变量的测量参照 Wells 等的研究中使用的量表,共 3 个题项,如"该网站的布局是吸引人的";(3)导航性:该变量的测量亦参照 Wells 等的研究中使用的量表,共 4 个题项,如"该网站有良好的网页布局和结构"(Wells,Valacich & Hess,2011);(4)安全性:该变量的测量主要参照 Kim 等编制的量表,共 3 个题项,如"我相信该网站能保护消费者信息"(Kim & Park,2013);(5)响应速度:该变量的测量参照 Loiacono 等编制的量表,共 3 个题项,如"该网站的信息载入是快速的"(Loiacono,Watson & Goodhue,2007);(6)信任:该变量的测量亦参照 Kim 等编制的量表,共 3 个题项,如"我相信该网站提供的信息"(Kim & Park,2013);(7)愉悦:该变量的测量参照 Seo 等的研究中使用的量表,共 5 个题项,如"该网站让我感到(不愉快—愉快)"(Seo,Lee & Chung,2015);(8)重复购买意愿:该变量的测量参照 Kang 等的研究中使用的量表,共 3 个题项,如"我愿意继续在该网站上购买商品"(Kang & Lee,2010)。

2.问卷发放与收集

在本章中，我们采用随机简单抽样方法抽取了一个主要由学生群体组成的样本来考察网络特征对消费者重复购买意愿的影响。问卷的发放和回收的途径主要包括两种：第一，我们采用随机拦访的方式，在学校内随机抽取被访问者填写调查问卷。第二，采用人际关系的“滚雪球”方式，通过电子邮件把调查问卷发送给在校学生或其他已经参加工作的家庭成员，打电话给他们告知研究的目的，请他们帮助填写并返回调查问卷。在问卷收集以及发放的过程中都采用匿名的方式，以保证研究的严谨性。通过这两种途径最终收集到的样本为425份。

三、电子商务购物网站特征影响模型数据分析和结果

本章主要采用结构方程的偏最小二乘法，用SmartPLS 3.0软件检验测量模型和评估结构模型。PLS对测量尺度、样本大小和残差分布的限制最小(Chin，Marcolin & Newsted，2003)。PLS最适合于通过避免不可接受的情况和不确定性的因素来测试复杂关系(Pavlou，Liang & Xue，2007)。因此，我们选择PLS以适应大量变量、关系和调节效应的存在。在此基础上，本章还结合了SPSS Statistics进行共同方法偏差的检验。

(一)描述性统计

调查问卷总共回收425份样本，其中有2份因为部分选项空缺而被认定为无效问卷，在剔除具有缺失值或异常的样本数据后，其最终有效问卷为423份，其样本的数据描述分布情况如表6-1所示。

表 6-1　样本描述性统计分析结果

变量	分类	人数/人	百分比/%
性别	男	209	49.4
	女	214	50.6
年龄	20 岁及以下	128	30.3
	21～24 岁	279	65.9
	25 岁及以上	16	3.8
学历	高中生	8	1.9
	专科生	2	0.5
	本科生	282	66.6
	硕士生	131	31.0
网购次数	0～1 次	52	12.3
	2～3 次	231	54.6
	4～5 次	93	22.0
	6 次及以上	47	11.1

(二)共同方法偏差

本章对不同的被试采用相同的调查问卷,并且本章是通过自评的方法来完成问卷,所以就有可能存在共同方法偏差的问题。共同偏差是同样的数据来源、被试对象、测量环境、测试题项以及题项自身特征会导致预测变量和效标变量之间的偏差(周浩和龙立荣,2007)。这种人为因素所导致的偏差是一种系统误差。本章通过匿名填写调查问卷以及减少语义模糊等方法来降低共同方法偏差所带来的影响，并采用 Harman 单因素方法来分析共同方法偏差。本章采用 SPSS 对所有测量题项进行探索性因子分析。第一因子、第二因子、第三因子以及第四因子的方差解释变量分别为 32.250%、9.208%、7.046%、6.095%，第一因子的方差解释变量为 32.250%，并未达到 50%的解释力，因此不存在共同方法偏差问题。

(三)测量模型的检验

在此基础之上，本章首先通过变量的因子载荷以及显著性来评价测量模型，从表 6-2 中看出本书中所有可测量变量的载荷都大于 0.7，并且达到了显著性。这也可以说明该问卷具有良好的效度(Hair，Anderson & Tatheam，1995)。

表 6-2　各潜变量测量项目的因子载荷与交叉载荷系数

变量	测量指标	载荷	*T* 值
商品信息	ProductInfo 1	0.788	29.825
	ProductInfo 2	0.857	43.441
	ProductInfo 3	0.827	43.756
	ProductInfo 4	0.775	21.615
视觉吸引力	VisualAesthetics 1	0.835	32.238
	VisualAesthetics 2	0.875	39.188
	VisualAesthetics 3	0.850	35.660

续表

变量	测量指标	载荷	T 值
导航性	Navigation 1	0.724	22.179
	Navigation 2	0.768	25.467
	Navigation 3	0.776	24.381
	Navigation 4	0.784	28.219
安全性	Security 1	0.862	45.081
	Security 2	0.850	38.410
	Security 3	0.808	30.443
响应速度	Response 1	0.800	23.531
	Response 2	0.851	36.057
	Response 3	0.826	26.967
信任	Trust 1	0.859	55.838
	Trust 2	0.855	52.448
	Trust 3	0.813	29.980
愉悦	Pleasure 1	0.797	30.860
	Pleasure 2	0.837	39.678
	Pleasure 3	0.757	22.119
	Pleasure 4	0.815	35.941
	Pleasure 5	0.801	29.873

续表

变量	测量指标	载荷	T 值
重复购买意愿	purchaseContinuance 1	0.898	68.267
	purchaseContinuance 2	0.913	82.793
	purchaseContinuance 3	0.863	44.011

1.测量模型的信度检验

在进行结构模型评估前，本章首先对测量模型的信度进行检验。检验测量模型的信度是为了测量量表的稳定性以及可靠性。本章采用"Cronbach's α"系数以及综合信度值(Composite Reliability) CR 值来测量问卷的信度。Cronbach's α 大于 0.7 为高信度，CR 的值大于 0.8 一般为高信度。信度结果如表 6-3 所示，所有变量的 Cronbach's α 系数均大于 0.7，所有变量的 CR 值都大于 0.8。数据结果表明本书的测量模型中所有变量都具有良好的信度。

表 6-3　变量测量模型的信度检验

变量	Cronbach's α	Composite Reliability
商品信息	0.828	0.886
视觉吸引力	0.815	0.890
导航性	0.763	0.848
安全性	0.793	0.878
响应速度	0.769	0.866

续表

变量	Cronbach's α	Composite Reliability
信任	0.795	0.880
愉悦	0.862	0.900
重复购买意愿	0.871	0.921

2.测量模型的效度检验

在进行结构模型评估之前，本章除了要对测量模型的信度进行检验，还要对测量模型的效度进行检验。最常见的效度检验标准为结构效度的检验，结构效度可以分为内敛效度（Convergent Validity）和判别效度（Discriminant Validity）（Chin，1998）。内敛效度主要是用来评估潜变量与观察指标之间的负载关系和整体结构的稳定程度，而判别效度主要用于评估潜变量与其他变量共享变异量的水平，从而确定变量间的差异程度（谷文辉和赵晶，2009）。本章的内敛效度以及判别效度通过验证性因子分析以及平均萃取变差（Average Variance Extracted，AVE）来测定。

从表6-4中我们可以看出AVE的值都在0.5以上，表明测量项目对各变量的解释程度比误差项高，并且模型的各变量间的收敛程度较好。各个潜变量的差异程度可以通过判别效度来判断，从表6-4中我们可以看到所有潜变量的AVE平方根均高于该变量与其他变量之间的相关关系，验证了模型判别效度较好。

表 6-4　变量测量模型的效度检验

变量	AVE	商品信息	视觉吸引力	导航性	安全性	响应速度	信任	愉悦	重复购买意愿
商品信息	0.660	0.813							
视觉吸引力	0.729	0.482	0.854						
导航性	0.582	0.478	0.545	0.763					
安全性	0.706	0.334	0.311	0.374	0.840				
响应速度	0.683	0.378	0.357	0.569	0.466	0.826			
信任	0.710	0.521	0.452	0.469	0.490	0.418	0.842		
愉悦	0.643	0.263	0.347	0.305	0.278	0.297	0.452	0.802	
重复购买意愿	0.795	0.312	0.298	0.445	0.305	0.369	0.501	0.473	0.891

3.结构模型的评估

偏最小二乘法综合了主成分分析、典型相关分析法以及多元统计回归法，路径模型是基于成分的分析方法，本书的结构模型评估结果如图 6-2 所示。从图 6-2 可以看出信任和愉悦以及重复购买意愿的 R^2 分别为 0.425、0.158、0.327，说明本书的结构方程的预测效果较好。表 6-5 给出了假设的验证结果，在研究模型的 9 项假设中，其中 8 项得到了验证。信任、愉悦对重复购买意愿（$P<0.001$；$P<0.001$）具有显著的正向影响，所以假设 H1、H2 得到验证。在内部线索中，商品信息、视觉吸引力、导航性对信任（$P<0.001$；$P<0.05$；$P<0.05$）具有显著的正向影响，所以假设 H3、H4、H6 得

到验证;视觉吸引力对愉悦($P<0.001$)具有显著的正向影响,所以假设 H5 得到验证;然而导航性对愉悦($P=0.165>0.1$)并没有显著的影响,所以假设 H7 没有得到验证。在外部线索中,安全性对信任($P<0.001$)具有显著的正向影响,所以假设 H8 得到验证;响应速度对愉悦($P<0.01$)具有显著的正向影响,所以假设 H9 得到验证。

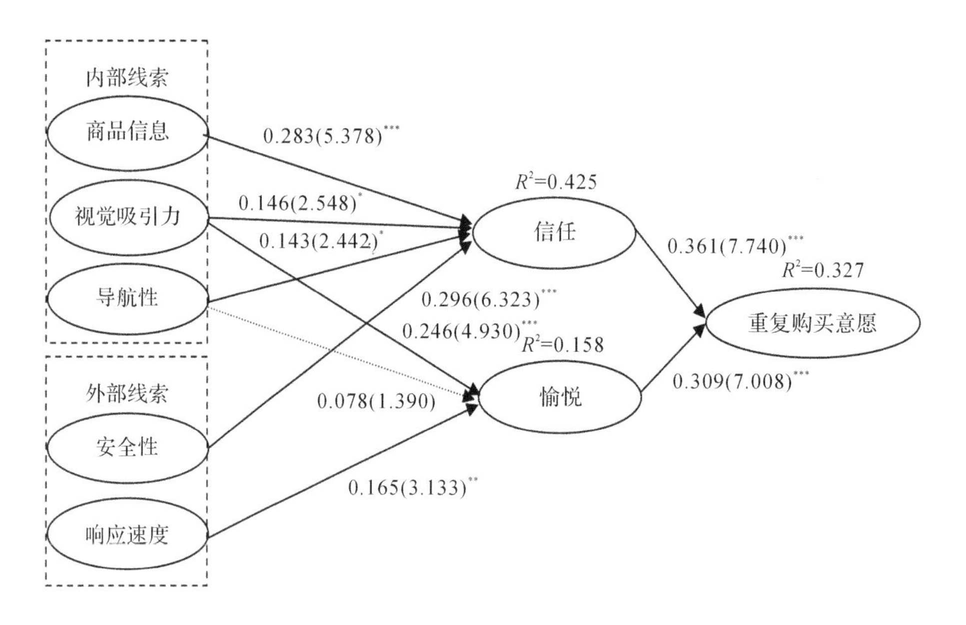

图 6-2　路径系数模型

注:*** 表示 $P<0.001$,** 表示 $P<0.01$,* 表示 $P<0.05$。

表 6-5　模型检验结果

假设	路径系数	T 值	假设是否成立
H1:信任显著正向影响消费者的重复购买意愿	0.361	7.740	是

续表

假设	路径系数	T 值	假设是否成立
H2:愉悦显著正向影响消费者的重复购买意愿	0.309	7.008	是
H3:商品信息显著正向影响消费者的信任	0.283	5.378	是
H4:视觉吸引力显著正向影响消费者的信任	0.146	2.548	是
H5:视觉吸引力显著正向影响消费者的愉悦	0.246	4.930	是
H6:导航性显著正向影响消费者的信任	0.143	2.442	是
H7:导航性显著正向影响消费者的愉悦	0.078	1.390	否
H8:安全性显著正向影响消费者的信任	0.296	6.323	是
H9:响应速度显著正向影响消费者的愉悦	0.165	3.133	是

四、电子商务购物网站特征影响模型结果讨论与总结

(一)结果讨论

本章主要是通过理论和实证分析，结合信任和情绪两个角度，探讨了消费者在商家网站以及 B2C 平台上卖家店铺中期望购买商品的研究情境下网站特征对消费者重复购买意愿的影响。主要结论如下：

(1)信任和愉悦两者都会对消费者重复购买意愿产生显著的正向影响。此外，信任($\beta=0.361$，$P<0.001$)和愉悦($\beta=0.309$，$P<0.001$)对重复购买

意愿的影响力,信任对重复购买意愿的影响力较大。良好的网站特征能够提高消费者的信任并产生愉悦的情绪,并进而增强消费者的重复购买意愿。本章设定在消费者有购买目的的情景下,从认知和情绪两个角度研究消费者的重复购买意愿,为IS和HCI领域中不同维度的网站特征对消费者行为决策的影响研究提供了认知和情绪相结合的视角,并为相关研究拓宽了研究情境和范围。

(2)基于线索使用理论,本章将网站特征的研究维度划分为内部线索(商品信息、视觉吸引力和导航性)和外部线索(安全性和响应速度)。在网站特征的内部线索中,本章研究结果表明网站的商品信息、视觉吸引力和导航性能够显著地影响消费者的信任;在网站特征的外部线索中,本章研究结果表明网站的安全性对消费者的信任具有显著性的积极影响。网站特征的内部线索能提高消费者把给定线索与产品质量联系起来的程度,网站特征的外部线索能提高消费者对其准确使用和判断线索能力的信心程度(Richardson,Dick & Jain,1994)。本章在用户对网站信任的影响因素评价中,外部线索网站安全性的影响系数最大,表明除了网站的内部线索外,外部线索也是影响消费者信任的重要因素。

(3)在网站特征对消费者愉悦的研究中,本章证明内部线索的视觉吸引力对消费者的愉悦具有显著的正向影响。同时,本章通过以往与响应时间相关的研究(Palmer,2002;Moustakis,Tsironis & Litos,2006;Galletta,Henry & Mccoy,2004;Rose & Straub,2001),提出并验证了网站外部线索中的响应速度对消费者的愉悦具有显著的正向影响作用。此外,网站内部线索的视觉吸引力($\beta=0.246$,$P<0.001$)与外部线索中的响应速度($\beta=0.165$,$P<0.01$)对愉悦的影响相比,内部线索的视觉吸引力对愉悦的影响更大。另外,网站内部线索中导航性对愉悦的正向影响并未得到验证,其主要原因可能是本章是考察用户重复购买的研究情境,消费者对网站的信息

组织和结构布局等较为熟悉，因此可能影响了网站的导航性对消费者愉悦的显著作用。

（二）研究启示

1.理论启示

本章从商品信息、安全性、导航性、视觉吸引力和响应速度等五个关键的特征维度研究了网站特征对消费者决策的影响，并在此基础上应用线索使用理论，深入分析网站特征，把商品信息、视觉吸引力以及导航性归为内部线索，把安全性和响应速度归为外部线索，并进而从网站特征的内部线索和外部线索的视角进行分类研究。以往研究中鲜少有通过线索使用理论把网站特征分为内部线索及外部线索来探索消费者购买意愿（Loiacono，Watson & Goodhue，2007；Eroglu，Machleit & Davis，2001；Yoo & Donthu，2001；Wolfinbarger & Gilly，2003；Hsieh，Chen & Hong，2013；Seckler，Heinz & Forde，2015；Hasan，2016；Hayder，2017；Reghuthaman，2018）。因此，本章研究为网站特征的划分提供了一种新的思路，同时也拓宽了线索使用理论的研究范围。

本章基于用户决策相关理论，研究了不同类别的网站特征对用户的认知和情绪的影响。以往的 IS 研究侧重于从单一的角度如认知的视角或者情绪的视角来考察用户的行为决策等（Ahamad & Zafer，2013；Floh & Madlberger，2013），本章结合了影响消费者行为决策的两个最重要的因素——认知和情绪的响应来进行研究，其研究结论能够为 IS 和 HCI 领域中不同维度的网站特征对消费者行为决策的影响研究提供认知和情绪响应相结合的视角。

本章研究情境设定在消费者有购买商品的目的，且侧重在重复购买意愿的决策判断上。以往对网站特征的研究大多没有设定是否有特定的购买目标等情境，并且主要侧重在研究消费者的冲动购买等（Floh & Madlberger，2013）。本章考虑了消费者在不同的情境下网站特征对用户的影响，为网站特征对用户认知、情绪和行为决策等研究进行了研究情境和范围的拓展，同时也为以后相关研究提供了借鉴。

2. 实践启示

本章的研究结果为商家网站和 B2C 网站的管理者和设计者在设计网站方面提供了有益启示。本章研究认为在设计、评测、管理和优化网站特征的过程中可以从以下两个方面入手：

首先，信任是消费者重复购买意愿的显著性前因变量，如何通过提升网站的内外部线索特征增强消费者的信任非常重要。一是从网站内部线索视角来看，主要考虑商品信息、视觉吸引力以及导航性。商品信息作为内部线索中对消费者信任影响最大的维度，应该考虑到购物网站上商品信息的有效性和准确性，并且确保能够有效地被消费者接受，从而增强消费者对网站的信任。在视觉吸引力上，视觉吸引力对消费者信任的影响较大，应该确保网站外观的一致性和美观性，进而增强消费者的信任。从网站的导航性考虑，导航性是影响消费者信任的关键之一，网站应该具有内容组织合理以及布局结构清晰的特征，从而节省消费者的时间和精力，保证消费者对该网站具有足够的信任。二是从网站外部线索视角来看，在对消费者信任的影响上，安全性是考虑的重要因素。本章研究发现安全性在所有前因维度中对消费者信任的影响最大，因此设计的网站必须能保障消费者的交易安全性和信息安全性，以进一步增强消费者的信任。

其次，愉悦也是影响消费者重复购买意愿的关键因素，如何通过提升网站的内外部线索特征增强消费者的愉悦非常重要。一是从在网站内部线索视角来看，视觉吸引力作为网站内部线索对消费者愉悦的影响最大。在设计和选择网站时，尽量设计和选择具备高度的设计美感，符合消费者审美需求的网站，以保证网站具有足够的美学特征，从而增强消费者的愉悦感。二是从网站外部线索视角来看，响应速度作为网站外部线索对消费者愉悦具有较大的影响，网站应该提高其响应的速度，减少消费者负面情绪的产生，保证消费者在整个消费过程中都能保持愉悦的情绪。

总之，在设计和评估网站的过程中，考虑网站特征的不同内在线索和外在线索，通过有效的方法来改进和提高网站特征的质量，并进而增强消费者的信任及愉悦，为购物网站与消费者之间保持良好的人机交互或客户关系等创造条件，从而最终促进消费者重复购买决策。

（三）研究局限性和未来展望

本章研究通过阅读大量文献，构建研究模型以及进行变量测量，问卷设计、发放和数据分析等以确保研究严谨性和完善性，但研究仍存在一些不足，可在未来研究中继续探索。第一，本章调查问卷的填写群体大多数为学生，虽然大学生是网络消费的主体并且具有丰富的网购经验，但是研究群体仍然存在局限性，并不能代表所有的网购用户，选取的样本可能会导致研究结果存在一定的偏差。因此，在未来研究中，可以扩大问卷填写的群体范围，从而得到更为普遍的研究结果。第二，本章采用问卷调查的方法进行研究，基于问卷调查的方式来获取被试的态度以及心理状态的有关数据，被试可能会隐藏自身的想法，导致填写的问卷与其真实想法可能会有所偏差，无法反映其真实的内在认知和主观意愿。为此，未来的研究可以考虑使用问卷调查和生理实验相结合的方法进行相互验证，从而确保研究更为严谨。第三，本章考虑了消费者信任和愉悦这两个方面作为网站特征与消费者重复购买意愿的中介变量，未考虑信任和愉悦的交互作用。然而在决策理论研究中，个体的认知和情绪之间可能存在交互作用，在未来研究中可进一步探索消费者的认知（信任）和情绪（愉悦）之间可能存在的交互作用。

第七章　电子商务网站产品图片特征和用户决策研究

一、引　言

电子商务在经济发展和人们工作生活中扮演着越来越重要的角色。网络购物已成为消费者重要的电子商务活动。网络购物市场的快速发展也给电商企业带来了新的机遇和挑战。现有研究表明美观的网页设计能够正向显著影响网购用户的认知、情感和决策，如满意度、偏好、冲动购买、客户忠诚度和回访意向等(Moshagen & Thielsch,2010)。网页美观是影响消费者选择卖家和产品的关键因素，很多商家从网页设计优化角度来提高网购成交量。在网购情境中，用户先浏览产品图片，再查看和获取产品其他相关信息，产品的视觉特性显著影响用户的购买行为(Creusen M & Schoormans,2005)。产品图片作为用户对产品的直接感观媒介，比产品文本信息更能有效地传达信号(Gelse & Baden,2015)，从视觉上更加突出产品信息描述，减少了消费者浏览时间及其所耗精力。网页中产品图片设计非常重要,在很大程度上决定了用户对购物网站和产品的选择倾向程度。现有研究主要集中在整个网页美学设计,较少关注网页上产品图片本身的影响作用。本章利用眼动追踪实验研究方法,将网页设计美学特征要素应用到产品图片特征上,探究网购平台上产品图片的视觉特征对用户情绪和认知反应的影响作用。本章一方面能够丰富网络营销和人机交互领域的相关研究,提供一定的理论价值;另一方面也为网站设计者和管理者设计或选择合适的产品图片提供科学的指导,从而促进网购平台增强用户购买体验、提升用户购买意愿等。

二、理论背景

(一)美学特征要素

美学概念的定义很多,类似的术语有"漂亮、美丽、吸引力"等。有学者认为美学不仅包括产品的视觉外观和吸引力,还包括非视觉特性如声音、触摸、气味和味道等(Hekkert & Leder,2008);Bloch (1995)认为个体对美学的感知源于对象的设计和感官因素,如颜色、形状、比例和材料等;Moshagen & Thielsch (2010)认为美学是个体对客观对象产生的直接愉快的主观体验。学者对美学的定义可以概括为以下三类,即客观美学、主观美学以及整体美学。客观美学强调美学是一种物体属性,它可以给任何观察者带来愉悦的体验(Moshagen & Thielsch,2010);主观美学认为任何物体都可以是美丽的,只要它在美学上是能够令观察者眼睛或感官愉悦的(Moshagen & Thielsch,2010);整体美学认为美学由对象的客观属性(如颜色、形状、比例和材料）和观察者的特征（如文化背景、性格、以往的经验或知识、偏好）以及生理和心理方面的经验等共同决定（Hekkert & Leder，2008）。整体美学更全面地诠释了美学的概念。本书研究美学是指物体对象的客观因素和观察者的主观因素共同作用的结果。

学者对美学特征的构成要素进行了研究。Ngo 等（2003）认为网页审美体验因素有 14 个，包括平衡性、对称性、均衡性、统一性、密度、比例、凝聚力、简洁性、整齐、经济性、和谐度、韵律和秩序感等。Lavie 和 Tractinsky（2004）认为美学包含经典美学和表现美学两方面，其中经典美学包括美观、愉悦度、对称性、清晰度和整洁度等；而表现美学主要包括创造性、吸引力、原创性、复杂性以及特效因素等。Moshagen 和 Thielsch（2010）提出美学分为简单性、多元性、色彩度和技术性 4 个方面。从现有学者对美学构成要素的研究（Moshagen & Thielsch，2010；Lavie & Tractinsky，2004）可知，复杂度和对称性是美学视觉特征的两个核心要素。

复杂度是视觉设计特征中的主要结构因素。Deng 和 Poole（2010）认为网页中视觉复杂度是指呈现元素的数量和由这些元素传达的信息细节的水平。对称性是网页设计中另一个主要结构设计因素。对称性属于网页秩序（Order）的一部分，网页秩序即合理控制网页中不同元素之间的序列关系（Deng & Poole，2010）。对称的事物能够使人们浏览更顺畅，符合人们的视觉习惯。在网页设计中，运用对称性可以创造有统一感和秩序感的视觉效果，便于用户捕获视觉中心。复杂度和对称性的研究都表明复杂度和对称性是美学设计的核心维度，能够促进人们的自动情感反应，例如愉悦偏好等（Ngo & Byrne，2001）。目前关于复杂度和对称性的美学特征要素的应用研究主要集中在网站整体设计、景观设计等领域，例如在线网店中，店铺图片的设计要素能够影响网购用户对店铺的评价和期望，并进而影响用户的购买决策等（Oh，Fiorito & Choc，

2008)。研究较少将这些视觉设计特征应用到产品图片设计上,而产品图片设计对用户认知和情感有显著的影响。作为对现有研究的补充,本章以网购平台上产品图片为研究对象,从复杂度和对称性这两个核心视觉设计特征展开研究。

(二)认知研究

认知是一种复杂的心理过程,是人们认识事物、获得知识的活动。认知过程是用户对信息的加工过程,是主体感知输入之后对其进行选择、探索、转换、加工、存储和使用的整个过程,强调了信息交互过程中用户认知的参与过程(Kuhlthau,1991)。Bandura (1986)认知模型(行为三元交互模型)认为,外部环境能够激发个体的认知和情感,进而影响他们的行为决策。顾客的消费行为是一种决策过程(Engel,Kollat & Blackwell,1973),顾客的购买决策最初源于他们的认知,认知状态涉及消费者如何评价产品,以及如何基于他们体验到的产品信息来形成对产品的态度。注意是认知的重要过程。注意是指"心理能量在感觉事件或心理事件上的集中"(Treisman,1964)。应用在营销环境下,Solomon、Bamossy 和 Askegaard (2002)将注意定义为"消费者对暴露范围内的刺激的关注程度"。刺激的物理特性(例如视觉对象的颜色、大小、形状,以及背景中的突出元素)是影响注意捕获的重要因素(Koch,2004)。

在网购情境下,产品图片呈现给用户,用户的注意与产品图片紧密相连,一图抵万言(Jia,Shiv & Rao,2014)。用户对产品购买决策和行为显著受到最初他们对产品图片的视觉感知的影响(Vetter & Newen,2014)。视觉是主体对外部刺激的第一感官,用户的心理反应取决于对刺激因素的视觉体验(Recarte & Nunes,2003)。产品图片作为一种外部环境刺激,只有引起用户注意之后，才能激发后续的购买意愿和购买行动。由于用户的视觉注意力受时间和精力的限制，注意对象的数目也有限，提高用户对产品的注意就需要提高产品的视觉设计效果（Bloch，1995）。考察产品图片视觉设计要素以提升用户的注意力和购买兴趣对于产品营销和人机交互研究等尤为重要。本章主要探讨产品图片视觉设计特征对用户认知注意的影响作用。

（三）情绪研究

近年来在人机交互和信息系统领域，用户界面设计的情感研究已经受到越来越多的关注（Zhang，2013）。情绪是指在考察客观事物是否符合主体自身需求时，主体产生的一种态度及内心体验（Oatley，Keltner & Jenkins，2006）。情绪体验受外部环境刺激、生理因素以及认知因素的影响（Mehrabian & Russell，1974）。情绪是影响人类思想决策和行为的关键因素之一。在决策过程中情绪显著影响决策主体的决策思维能力及其对决策目标的选择。在网购情境中，商品网页选择激增以及切换成本较低，用户较容易地切换卖家页面。有研究表明网页设计更加注重于为用户提供愉悦的购物体验（Porat & Tractinsky，2012）。相比于产品页面的有用性或易用性感知，情绪体验更可能成为影响用户抉择的关键因素。

目前学术界对情绪维度的划分方法众多。Desmet（2002）将用户情感状态分为情绪、心境、感受和个性特征。Norman（2004）将用户情绪分为本能层、行为层和反思层。心理学文献指出情绪反应由效价（愉悦度）、唤醒度和主导感三部分（PAD）组成（Mehrabian & Russell，1974）。在环境心理学领域，研究表明效价（愉悦度）和唤醒度能够解释大部分情绪反应的差异（Donovan & Rossiter，1982；Mehrabian & Russell，1974）。此外，IS 领域研究也证实使用愉悦度和唤醒度作为不同网站设计特征测量情绪反应的适用性(Liu,Guo & YE,2016)。将情绪状态细分到愉悦度、唤醒度等维度能够更具体地体现用户个体的内心情感。

在人机交互设计中,研究人员越来越重视消费者的主观感受(马庆国,付辉建和卞军,2012),侧重于用户的情感和生理反应等用户体验的研究(Xu,2014)。精美巧妙的产品图片可以传达令人瞩目的视觉效果,良好的视觉效果又可以引起用户的唤醒、激发用户的愉悦情绪,从而促进用户的购买意愿和行为。本章考察了产品图片视觉设计特征中对称性和复杂度对用户情绪的影响作用。

三、研究假设

(一)产品图片视觉特征对情绪的影响

美学让人们体验到乐趣与和谐。Seo 等(2015)对网页美学与用户愉悦情绪进行了研究,结果表明美学能够正向显著影响情绪。复杂度作为美学的一个关键维度,也能够影响用户的情绪反应。Kaplan 等(1972)对景观照片的美学研究表明具有中等复杂程度的图片有最理想的美学反应。Pandir & Knight (2006)研究复杂度与用户偏好、愉悦度以及兴趣间关系,结果表明感知复杂性显著负向影响愉悦度。Deng & Poole(2010)关于网页视觉特征对情感反应以及决策行为影响的研究表明:视觉复杂度正向影响用户情绪唤醒水平;在网页自由浏览情境下,复杂度正向影响用户愉悦情绪。Ochsner(2000)研究表明视觉复杂性负向影响愉悦情感,正向影响情绪唤醒度。此外,视觉复杂度是影响用户处理/判断流畅性的关键因素(Reber,

Winkielman & Schwarz,1998),视觉刺激的用户处理流畅性越高越能唤起用户对刺激判断的积极情感(Stoel,Im & Lennon,2010)。以上研究在复杂度影响情绪各维度上尽管有细微差异,但都表明复杂度对用户情绪反应有显著影响作用。在网购情境中,用户较注重于产品描述和功能,产品图片越复杂,越不利于用户对产品图片信息的加工处理,从而会影响用户的情绪体验,因此本章提出假设:

H1:产品图片复杂度显著负向影响用户情绪反应

对称性能够创造平衡感、秩序感,是平衡的一种直观形式,也是美学设计的核心特征之一。对称性也是经典美学的一个重要特性(Lavie & Tractinsky,2004)。左右对称的布局给人带来整洁、稳定、值得信赖的视觉感受(Wilson & Chatterjee,2005)。在产品图片设计中,美观、简洁的设计更利于用户对图片的理解(Bauerly & Liu,2006),简洁对称的设计能够促进并影响用户的行为决策(Bauerly,2008)。Porat 和 Tractinsky(2012)探究了美学对顾客情感的影响,结果表明对称性越高,经典美学水平越高,顾客的愉悦度和唤醒度也越高。Casey 和 Poropat (2014)探究了美学对网上用户体验的影响,结果表明对称性衡量的经典美学质量与积极情感状态正相关,与消极情感状态负相关。Deng 和 Poole (2010)指出秩序特性能够影响用户的情感反应,网页秩序负向用户的情绪唤醒,但在有目标浏览情境下,秩序性能够正向影响用户的愉悦情绪。以上研究都表明视觉对称性越强,越能够激发用户的积极情绪,在网购平台上对产品图片的研究,我们提出以下假设:

H2:产品图片对称性显著正向影响用户情绪反应

(二)产品图片视觉特征对注意的影响

视觉复杂度、对称性与美学感知之间具有很强的相关性,对人们视觉注意能够产生影响。Seckler 等(2015)探究了美学客观设计因素对美学感知的影响,结果表明高对称性、低复杂度是产生最好视觉美学效果的关键。在网络购物情境下,有研究表明,相比于简单的外部视觉刺激,复杂的外部视觉刺激能够引起用户更多的注意(Lang,Zhou & Schwartz,2000)。注意力研究表明图片的视觉复杂度以及图片中相对显著的视觉对象是引发用户注意的关键元素(Blackmon,Kitajima & Polson,2003)。Geissler 等(2006)检验了感知网页复杂度对沟通有效性的影响,沟通有效性包括用户注意力、网页态度及购买意愿等,研究结果表明,用户更倾向于复杂度中等/适度水平的网页,复杂度与用户注意力、态度有显著影响作用。在网购平台中,针对产品图片研究,使用较复杂的设计能够丰富产品的信息线索,便于视觉对象的评估。复杂的视觉设计需要用户运用较高水平的处理能力以及付出更多的认知努力去处理产品图片视觉信息。因此,本章提出以下研究假设:

H3:产品图片复杂度显著正向影响用户注意

对称性作为经典美学的重要评价特征,被广泛应用在网页设计中。Sonderegger 等(2014)通过实验探究了美学对人与技术产品交互的影响,研究表明美学对感知网站有用性和可信性评价都有正向影响。美学设计以及传统可用性原则,如一致的、结构良好的布局等都有助于唤起用户注意力。Sutcliffe & Namoune (2008)探究了网站设计质量与用户注意之间的关系，表明美学设计是网站吸引用户注意的关键因素。在比较心理学研究中，Grammer & Thornhill (1994)探究了面部特征对异性面部评价的影响，表明面部对称性对面部吸引力评价有积极的影响。Ngo 等(2003)对图形屏幕的美学价值进行研究，发现平衡、对称、秩序等是美学测量指标中重要的维度，这些指标在引导用户注意中起到关键的作用。对称性在吸引用户注意力方面有着非常重要的作用。应用到网购平台上，针对产品图片视觉特征分析，我们提出假设：

H4：产品图片对称性显著正向影响用户注意

四、实验设计

(一)实验方法

本章研究采用被试内 2(复杂度高低)×2(对称性高低)的眼动追踪实验研究方法。

眼动实验可以客观准确地记录被试在浏览时眼睛的关注区域、注视点个数、注视时长以及瞳孔尺寸变化、眨眼次数、扫视轨迹等眼动数据信息。瞳孔尺寸变化能够反映用户的情绪状态，视觉上唤醒度高的外部刺激能够引起瞳孔扩展(Wang，Yang & Wang，2014)，瞳孔尺寸平均值、最大值和最小值可用来反映用户对外部视觉刺激所产生的情绪响应情况(Dietz，Bradley & Okun，2010)。在本实验研究中，情绪的效价是正性(愉悦)的，用户的情绪反应变化主要是由唤醒度的变化而引起的，用户的瞳孔尺寸变化反映了其在浏览不同刺激材料时所体验到的不同唤醒度的情绪过程，我们用瞳孔尺寸最大值来反映被试看到包含不同视觉特征的产品图片网购页面时的情绪变化状态。

眼动数据的注视点个数能够反映用户对视觉对象的关注程度(Vertegaal & Ding,2002)，眼动跟踪数据能够客观评估消费者的视觉注意力并被广泛应用在用户感知和营销科学领域(Ares, Gimenez & Bruzzone, 2013; Piqueras-Fiszman, Velasco & Salgado-Montejo, 2013)，在某区域内眼动注视点越多，表明该区域越受到用户注意。在本书中使用眼动注视点个数来测量被试对产品图片的认知注意。

(二)刺激材料

为探究产品图片视觉特征对用户情绪和认知的影响，我们从电子商务网站上挑选耳机产品购买网页作为本书的主要刺激材料，原因有两个：第一，耳机作为基础电子产品，在以学生为被试的群体中使用频率很高，熟悉度很高。第二，耳机本身结构较单一，便于充分设计以满足不同水平下的对称性和复杂度特征，以便制作有效清晰的实验刺激素材。在耳机产品图片的采集和设计中，我们对图片涉及的网店以及产品品牌信息进行了模糊/祛除处理，避免品牌对被试判断的影响。为了制作产品图片，本章借鉴现有研究对复杂度和对称性的定义，从产品图片中呈现的元素数量以及由这些元素传达的信息细节水平等因素来控制复杂度，元素数量越多代表产品图片越复杂，构成了低复杂度(C1)和高复杂度(C2)两个水平；对称性主要从产品图片的左右对称来控制，分为不对称(S1)和对称(S2)两种。共制作16张图片，主要分为4类，即C1S1、C1S2、C2 S1、C2S2，每一类有4张同类型相似图片。在对产品图片进行精心选择和处理后，把每一个产品图片放入每一个相应的网购页面中，最终得到16张包含设计产品图片的网络购买页面的刺激材料。网购页面刺激材料的大小尺寸统一为1024px×768px。在此基础上，本章为了保证刺激材料的分类准确性，做了前测实验以检测分类自变量的有效性。前测实验一共招募了20名被试，其中男生5人，女生15人，要求被试对每一张产品图片进行复杂度和对称性的认知评分。研究对该行为数据进行了方差分析，由表7-1可知，低复杂度(C1)和高复杂度(C2)两者之间有显著性差异($F=178.747,P=0.000$)。不对称(S1)和对称(S2)两者之间同样有显著性差异($F=190.508,P=0.000$)。前测实验结果表明在产品图片中关于自变量复杂度和对称性的操纵性检验是可行的。

表7-1　前测实验自变量操纵性检验——行为数据方差分析结果

复杂度行为数据分析					对称性行为数据分析				
自变量	均值	标准差	F统计	显著性	自变量	均值	标准差	F统计	显著性
低复杂度	2.11	1.058	178.747	0.000	不对称	1.95	1.267	190.508	0.000
高复杂度	3.77	1.156			对称	4.03	1.372		

(三)实验被试

实验采用公开招募被试方式，招募对象是全日制在校大学生。实验一共招募了43名被试，其中男生22人，女生21人，所有被试年龄集中在20～26岁，都有网络购物的经验，都熟知网页浏览的操作。此外，所有被试都习惯于右手操作键盘，矫正视力都在5.0以上。

(四)实验装置

实验装置由 Eyelink1000 Plus 眼动跟踪系统及两台计算机组成。一台用于向被试呈现刺激材料,另一台用于主试监控和记录实验数据。为了避免光线对眼动跟踪系统校正的影响,实验环境光为低度照明,被试眼位与屏幕中心等高,眼睛距屏幕距离为 70cm;为了降低头部运动对眼动追踪系统精度的影响,以下巴托固定观察位置,校正和实验过程中要求被试尽可能保持不动。

(五)实验步骤

本实验在浙江工业大学神经管理科学研究院眼动实验室实施操作。在正式实验开始之前,首先由被试填写个人基本信息,阅读并签署眼动实验的知情同意书,给被试介绍眼动设备以及实验过程须知,让被试进行简单的设备操作训练。接着告知被试实验任务以及阅读相关任务情景(具体是:你的好朋友生日在即,考虑到她/他正好需要耳机,于是计划网上选购一副耳机作为生日礼物送给她/他,实验过程中将呈现一系列耳机网购页面,请你认真浏览每一个网页,浏览结束时按键操作)。最后在被试理解实验任务和熟练掌握基本操作后,我们对被试进行眼动实验设备的瞳孔校准和调试等。当被试符合眼动调试要求后,正式进入眼动实验过程:(1)电脑屏幕呈现实验指导语界面,按空格键进入网购页面刺激材料的浏览;(2)在每一张页面刺激材料前,先出现一张中间带有"+"且呈现时间 500ms 的空屏,然后 16 张刺激材料随机呈现,被试浏览一张页面后,按空格键进入下一张页面,以此循环;(3)16 张网页材料全部浏览后再呈现实验结束语。整个实验过程大约 10 分钟。

（六）数据分析与结果

本章数据分析内容主要包括基本描述性统计分析和方差分析，以考察不同复杂度和对称性分别对用户情绪和注意的影响作用。

1.描述性统计分析

表 7-2 是主要变量的最大值、最小值、平均值以及标准差等描述性统计分析结果。本章一共有 43 个被试参与实验，每个被试浏览 16 张图片，共获得 688 个样本量，删掉缺失数据以及异常数据后有效样本量为 532 个。由表 7-2 可知，被试年龄在 20～26 岁，平均年龄为 22.94 岁。被试的瞳孔尺寸最大值（无单位，相对值）范围是 698～3319，均值为 1632；注视点个数（单位：个）范围是 1～56，均值为 11.77。

表 7-2　描述性统计分析结果

变量	最小值	最大值	均值	标准差
年龄	20	26	22.94	1.689
瞳孔最大值	698	3319	1632	17.535
注视点个数	1	56	11.77	0.364

2.假设检验结果分析

本章对眼动数据进行重复测量方差分析检验，其分析结果如表 7-3 所示，以考察复杂度和对称性对情绪和注意的影响作用。

表 7-3 眼动数据重复测量方差分析结果

自变量	统计	因变量	
		情绪(瞳孔大小)	注意(注视点个数)
复杂度	F	2.182	17.340**
	显著性	0.149	0.000
对称性	F	11.402**	0.012
	显著性	0.002	0.915
复杂度×对称性	F	0.321	2.220
	显著性	0.574	0.145

注释:* $P<0.05$,** $P<0.01$。

(1)产品图片视觉特征对情绪的影响

从表 7-3 可知,复杂度对情绪没有显著性影响($F=2.182$,$P=0.149$),假设 H1 没有得到支持。对称性对情绪有显著性的影响作用($F=11.402$,$P=0.002$)。此外,由表 7-3 结果可知,复杂度和对称性对情绪没有显著的交互作用($F=0.321$,$P=0.574$)。更进一步,对复杂度和对称性的不同组别进行了事后分析差异比较,结果如表 7-4 所示。对称性与瞳孔大小的边际均值可看出产品图片对称性与情绪反应之间的关系,由表 7-4 所知。用户在浏览网购页面时,相对于不对称的产品图片,用户在浏览对称性的产品图片时被激发的情绪显著增加(不对称时瞳孔尺寸均值=1619.448,对称时瞳孔尺寸均值=1683.126,$P=0.002$),由此假设 H2 得到了验证。

表 7-4　产品图片视觉特征对情绪的影响分析结果

自变量	组别	均值	标准差	F	显著性
复杂度	低复杂度	1637.426	66.050	2.182	0.149
	高复杂度	1665.148	61.465		
对称性	不对称	1619.448	60.275	11.402	0.002
	对称	1683.126	67.150		

(2)产品图片视觉特征对注意的影响

由表 7-3 可知,复杂度对用户的注意有显著性影响作用(F=17.340,P=0.000),对称性对用户的注意没有显著性影响作用(F=0.012,P=0.915),假设 H4 没有得到支持。此外,从表 7-3 结果可知,复杂度和对称性对用户注意没有显著的交互作用(F=2.220,P=0.145)。更进一步,对复杂度和对称性的不同组别进行了事后分析差异比较,结果如表 7-5 所示。复杂度与用户注视点个数的边际均值可表示不同复杂度与注意之间的关系,由表 7-5 结果可知,用户在浏览网购页面时,相比于低复杂度的产品图片,用户对高复杂度产品图片的注视点个数有显著增加(低复杂度下注视点个数均值=10.591,高复杂度下注视点个数均值=12.245,P=0.000),由此数据结果验证了假设 H3。

表 7-5　产品图片视觉特征对注意的影响分析结果

自变量	组别	均值	标准差	F	显著性
复杂度	低复杂度	10.591	0.946	17.340	0.000
	高复杂度	12.245	1.168		

续表

自变量	组别	均值	标准差	F	显著性
对称性	不对称	11.394	1.057	0.012	0.915
	对称	11.442	1.078		

综合以上数据分析结果可知，本书假设部分得到验证，部分未受支持。研究假设检验汇总结果如表7-6所示。

表7-6　研究假设检验结果汇总

假设	结果
H1：产品图片复杂度显著负向影响用户情绪反应	拒绝
H2：产品图片对称性显著正向影响用户情绪反应	支持
H3：产品图片复杂度显著正向影响用户注意	支持
H4：产品图片对称性显著正向影响用户注意	拒绝

五、讨论与总结

(一)研究结论

本章运用眼动追踪实验研究方法，从美学关键要素——复杂度和对称性两个视角，研究了网购平台产品图片视觉特征对用户情绪和注意的影响关系。有以下总结：

(1)在网购平台页面浏览中，产品图片的对称性能够显著影响用户的情绪。以往IS研究论证了网页美学对称性能够显著提高用户的情绪，激发用户更高的唤醒度（Porat & Tractinsky，2012；Casey & Poropat，2014）。本章在网购页面上通过对产品图片对称性研究，得出不同对称性情境下的产品图片对用户的情绪反应是不同的。产品图片视觉感知越对称，用户浏览时的瞳孔越扩大，反映出产品图片对称性激发了用户情绪的唤醒水平，提高了用户对该产品浏览的兴趣。另外，本章实验情境是有目标的浏览情境，研究结论也进一步验证了Deng & Poole（2010）关于在有目标浏览下，对称性能够正向影响用户的愉悦情绪。

（2）复杂度作为图片美学的一个关键要素，对用户的认知注意有显著的影响作用。相比简单的网页视觉信息，复杂的网页视觉信息能够引起用户更多注意（Lang，Zhou & Schwartz，2000）。从整个网购页面的研究聚焦在网购页面上产品图片的分析看，本章论证了不同水平层面的产品图片复杂度对用户的认知反应是不同的。产品图片复杂度越高，用户注视点数越多。和网页复杂度研究论文观点（Blackmon，Kitajima & Polson，2003；Geissler，Zinkhan & Watson，2006）一致，本章论证了较高复杂度的产品图片能够促进用户对该产品图片的认知注意，能够提高用户对该产品的关注度。

（3）本章中，H1（产品图片复杂度显著负向影响用户情绪反应）和H4（产品图片对称性显著正向影响用户注意）未获得实验数据验证支持。主要原因可能有：本章刺激材料产品选择的是耳机。虽然复杂的产品图片能够呈现更多与产品属性相关的信息，从而吸引用户的注意力，但是耳机作为功能型产品，用户不仅依靠图片信息来了解产品，更多的是通过产品功能的描述来增加情绪唤醒，因此可能影响了产品图片复杂度对用户情绪反应的显著作用。另外，耳机产品本身结构简单，对称性能让人一目了然，可能也减弱了用户的关注和注意程度，因此影响了产品对称性对用户注意的显著影响作用。

(二)研究意义

本章研究结果表明在网购页面中产品图片对称性能够显著影响用户情感反应;产品图片复杂度显著影响用户认知注意。该研究的理论意义和实践价值主要如下。

1.理论意义

本章将网络营销环境下网购平台页面的产品图片视觉特征作为研究对象,将视觉设计美学中复杂度和对称性这两个核心要素创新地应用到对消费者网购过程中的体验和决策过程的研究情境中。信息系统领域以往对复杂度和对称性的相关研究主要集中在对整个网页页面的认知和判断上(Ngo & Byrne,2001;Seckler,Opwis & Tuch,2015;Geissler,Zinkhan & Watson,2006),鲜少侧重在网页中产品图片上。在电子商务情境下,产品图片对用户购买决策和行为的影响有显著影响作用。考察产品图片的美学要素构成以及如何影响用户决策已成为电子商务中需要重点解决的问题。本章侧重在产品图片的美学研究,为电子商务网络营销和人机交互领域提供了一个新的产品图片的研究视角。

本章从美学的两个主要特征——对称性和复杂度的视角,研究了产品图片特征对用户认知和情绪的影响。在IS领域中,以往研究侧重在从理性认知的角度考察用户行为,然而决策相关理论指出情绪也是重要的前因变量,认知和情绪能够共同作用于用户决策,近些年情绪的研究越来越受到关注(Zhang,2013)。本章结合用户的认知和情绪响应,考察了产品图片关键特征的影响作用,为信息系统领域中图片美学对用户决策的相关研究提供了认知和情绪相结合的分析视角。本章研究结果同时也为信息系统和人机交互研究领域提供了一定的理论价值以及研究内容上的补充。

本章运用眼动追踪实验方法获取用户客观的生理数据，弥补了以往 IS 研究中问卷数据、访谈数据等主观数据研究方法的局限性。眼动追踪实验技术作为心理生理工具，能够发掘用户隐藏的无意识的心理过程，为本书提供客观和公正的测量数据。本章能够在信息系统领域研究产品图片美学与用户决策方面提供研究方法上的创新指导，进一步推动产品图片美学研究从个体行为研究阶段走向生理认知神经科学研究阶段，促进了神经信息系统研究的进展。

2. 实践价值

消费者的认知和情绪是影响其购买决策和行为的关键因素，本章研究结果为电子商务网站设计人员和管理者提供了产品图片设计方面的实践指导价值。本章能够帮助网页产品图片设计者更好地理解产品图片的复杂度和对称性要素，以及理解这些视觉设计特征与用户情绪、认知之间的影响关系，从而设计出更加吸引用户注意以及唤起他们愉悦情绪的产品图片，并进而促进用户的购买决策和行为。对于网站管理者来说，选择、定制并展示能够引起用户关注以及愉悦情绪的产品图片非常重要。例如，采用对称性强的产品图片为用户带来愉悦情绪；采用较高复杂度的产品图片来吸引用户的注意力，从而促进购买行为。

（三）研究局限性及未来展望

本章运用科学研究方法，严格把控实验过程，研究网购平台上产品图片特征对用户情绪和认知反应的影响作用。但研究仍存在着一些局限性，具体如下。

1. 实验被试的选取

本实验被试主要为在校大学生，年龄区间为20～26岁，大学生是网购消费主体，有丰富网购经验，选取大学生作为样本具有典型性。然而从样本抽样角度看，在校大学生并不能完全代表所有网购用户，仅选取大学生样本可能会导致实验结果存在一定误差。未来被试选择可进一步扩大群体范围，从而得到覆盖用户群体更广更普遍的研究结果。

2. 网购产品的选择

本章选取耳机作为网购产品以制作网购页面刺激材料，但耳机属于典型的功能型产品。未来可进一步扩大产品的属性，譬如可考虑体验型产品，探讨体验型产品的图片特征的影响作用，以增强本书研究的外部适用性。

3. 网购决策的完善

本书研究制作页面刺激材料时，主要对产品图片的视觉关键维度进行了设计，且控制了一些与研究问题无关的信息，如产品品牌等因素影响，未来可考察产品图片上更多的因素内容。另外在用户对刺激的响应方面，本书研究了用户的情绪和认知响应，未来可进一步研究产品图片对用户其他决策的影响，如信任、满意度、购买意愿等，从而更全面研究产品图片信息对用户网购决策和行为的影响。

参考文献

[1] Abou-Shouk M A, and Khalifa G S. The influence of website quality dimensions on e-purchasing behaviour and e-loyalty: A comparative study of Egyptian travel agents and hotels[J]. Journal of Travel & Tourism Marketing, 2017, 34(5): 608-623.

[2] Ajzen I. Nature and operation of attitudes[J]. Annual Review on Psychology, 2001, 52: 27-58.

[3] Aladwani A M, Palvia P C. Developing and validating an instrument for measuring user-perceived web quality[J]. Information & Management, 2002, 39(6): 467-476.

[4] Aren S, Guzel M, Kabaday E, et al. Factors affecting repurchase intention to shop at the same website[J]. Procedia-Social and Behavioral Sciences, 2013, 99: 536-544.

[5] Ares G, Gimenez A, and Bruzzone F. Consumer visual processing of food labels: Results from an eye-tracking study[J]. Journal of Sensory Studies, 2013, 28(2): 138-153.

[6] Athanasopoulou C, Heli Hätönen, Suni S, et al. An analysis of online health information on schizophrenia or related conditions: A cross-sectional survey[J]. BMC Medical Informatics and Decision Making, 2013,13(1):98.

[7] Bandura A. Social foundations of thought and action: A social cognitive theory[M]. Prentice-Hall, Inc., 1986.

[8] Bauer, H H, Falk T, and Hammerschmidt M. EtransQual: A transaction process-based approach for capturing service quality in online shopping [J]. Journal of Business Research, 2006, 59(7):866-875.

[9] Bauerly M, Liu Y. Computational modeling and experimental investigation of effects of compositional elements on interface and design aesthetics[J]. International Journal of Human-Computer Studies, 2006, 64(8):670-682.

[10] Bauerly M. Effects of symmetry and number of compositional elements on interface and design aesthetics[J]. International Journal of Human-Computer Interaction, 2008, 24(3):275-287.

[11] Berger C, Blauth R, Boger D et al., Kano's methods for understanding customer-defined quality[J]. Center for Quality Management Journal, 1993(4):3-36.

[12] Bhattacherjee A. An empirical analysis of the antecedents of electronic commerce service continuance[J]. Decision Support Systems, 2001a, 32 (2):201-214.

[13] Bhattacherjee A. Understanding information system continuance: An expectation-disconfirmation model[J]. MIS Quarterly, 2001b, 25(3): 351-370.

[14] Bloch P H. Seeking the ideal form: Product design and consumer

response[J]. The Journal of Marketing,1995:16-29.

[15] Brown S A,Venkatesh V,Goyal S. Expectation confirmation in information systems research:A test of six competing models[J]. MIS Quarterly, 2014,38(3):729-U172.

[16] Buhalis D, Licata M C. The future eTourism intermediaries [J]. Tourism Management,2002,23(3):207-220.

[17] Casey T W,Poropat A. Beauty is more than screen deep:Improving the web survey respondent experience through socially-present and aesthetically-pleasing user interfaces[J]. Computers in Human Behavior, 2014,30(30):153-163.

[18] Cenfetelli R T,Benbasat I, Al-Natour S. Addressing the what and how of online services:Positioning supporting-services functionality and service quality for business-to-consumer success[J]. Information Systems Research,2008,19(2):161-181.

[19] Chang C-C, et al. Exploring the intention to continue using social networking sites:The case of Facebook[J]. Technological Forecasting and Social Change,2015,95:48-56.

[20] Chathoth P K. The impact of information technology on hotel operations, service management and transaction costs: A conceptual framework for full-service hotel firms[J]. International Journal of Hospitality Management,2007,26(2):395-408.

[21] Chebat J C,Michon R. Impact of ambient odors on mall shoppers' emotions,cognition,and spending:A test of competitive causal theories [J]. Journal of Business Research,2003,56(7):529-539.

[22] Chen A N K,Lee Y,and Hwang Y. Managing online wait:Designing

effective waiting screens across cultures(J). Information & Management, 2018,55(5):558-575.

[23] Chen L D, Gillenson M L, and Sherrell D L. Enticing online consumers: An extended technology acceptance perspective [J]. Information & Management, 2002, 39(8):705-719.

[24] Chen L H, Kuo Y F. Understanding e-learning service quality of a commercial bank by using Kano's model[J]. Total Quality Management & Business Excellence, 2011, 22(1):99-116.

[25] Chin W W, Marcolin B L, Newsted P R. A partial least squares latent variable modeling approach for measuring interaction effects: Results from a monte carlo simulation study and an electronic-mail emotion/adoption study [J]. Information Systems Research, 2003, 14(2): 189-217.

[26] Chin W W. Issues and opinion on structural equation modeling[J]. MIS Quarterly, 1998, 22(1):1.

[27] Chiu C M, Chiu C S, and Chang H C. Examining the integrated influence of fairness and quality on learners' satisfaction and Web-based learning continuance intention[J]. Information Systems Journal, 2007, 17(3): 271-287.

[28] Chou W C, Cheng Y P. A hybrid fuzzy MCDM approach for evaluating website quality of professional accounting firms[J]. Expert Systems with Applications, 2012, 39(3):2783-2793.

[29] Cox J, Dale B G. Service quality and e-commerce: An exploratory analysis[J]. Managing Service Quality: An International Journal, 2001, 11(2):121-131.

[30] Creusen M E H, Schoormans J P L. The different roles of product appearance in consumer choice[J]. Journal of Product Innovation Management,2005,22(1):63-81.

[31] Cyr D, Bonanni C. Gender and website design in e-business[J]. International Journal of Electronic Business,2005,3(6):565-582.

[32] Cyr D,Head M,Lim E,and Stibe A. Using the elaboration likelihood model to examine online persuasion through website design[J]. Information & Management,2018,55(7):807-821.

[33] Cyr D,Head M. Website design in an international context:The role of gender in masculine versus feminine oriented countries[J]. Computers in Human Behavior,2013,29(4):1358-1367.

[34] Cyr D,Kindra G S,Dash S. Web site design,trust,satisfaction and e-loyalty:The Indian experience[J]. Online Information Review,2008, 32(6):773-790.

[35] Davis F D,Venkatesh V. A critical assessment of potential measurement biases in the technology acceptance model: Three experiments [J]. International Journal of Human-Computer Studies, 1996, 45 (1): 19-45.

[36] Davis F D,Bagozzi R P,Warshaw P R. User acceptance of computer technology:A comparison of two theoretical models[J]. Management Science,1989,35 (8):982-1002.

[37] DeLone W H, Mclean E R. The DeLone and McLean model of information systems success: A ten-year update [J]. Journal of Management Information Systems,2003,19(4):9-30.

[38] Deng L,Poole M S. Affect in web interfaces:A study of the impacts

of web page visual complexity and order[J]. MIS Quarterly,2010,34(4):711-730.

[39] Dennis A R, Yuan L I, Feng X, et al. Digital nudging: Numeric and semantic priming in e-commerce[J]. Journal of Management Information Systems,2020,37(1):39-65.

[40] Dimoka A, Hong Y, Pavlou P A. On product uncertainty in online markets: Theory and evidence [J]. MIS Quarterly, 2012, 36 (2): 395-A15.

[41] Donovan R J,Rossiter J R. Store atmosphere: An environmental psychology approach[J]. Journal of Retailing,1982,58(1):34-57.

[42] Duarte P,Silva S C E,Ferreira M B. How convenient is it? Delivering online shopping convenience to enhance customer satisfaction and encourage e-WOM[J]. Journal of Retailing and Consumer Services, 2018,44(9):161-169.

[43] Dunn B K,Galletta D,Ramasubbu N,et al. Digital borders, location recognition,and experience attribution within a digital geography[J]. Journal of Management Information Systems,2019,36(2):418-449.

[44] Ecer F. A hybrid banking websites quality evaluation model using AHP and COPRAS-G:A turkey case[J]. Technological and Economic Development of Economy,2014,20(4):758-782.

[45] Ellamushi H, Narenthiran G, Kitchen N D. Is current information available useful for patients and their families? [J]. Annals of the Royal College of Surgeons of England,2001,83(4):292-294.

[46] Eroglu S A,Machleit K A,Davis L M. Atmospheric qualities of online retailing:A conceptual model and implications[J]. Journal of Business

Research,2001,54(2):177-184.

[47] Eroglu S A,Machleit K A,Davis L M. Empirical testing of a model of online store atmospherics and shopper responses[J]. Psychology & marketing,2003,20(2):139-150.

[48] Everard A,Galletta D F. How presentation flaws affect perceived site quality, trust, and intention to purchase from an online store[J]. Journal of Management Information Systems,2005,22(3):55-95.

[49] Floh A, Madlberger M. The role of atmospheric cues in online impulse-buying behavior[J]. Electronic Commerce Research & Applications,2013, 12(6):425-439.

[50] Foxall G R. The emotional texture of consumer environments: A systematic approach to atmospherics[J]. Journal of Economic Psychology, 1997,18(5):505-523.

[51] Frijda N H. Moods,emotion episodes,and emotions[M]//M L,M H J. Handbook of Emotions. New York:Guilford,1993:381-403.

[52] Galletta D F,Henry R,Mccoy S,et al. Web site delays:How tolerant are users? [J]. Journal of the Association for Information Systems, 2004,5(1):1-28.

[53] Gao Y, Wu X. A cognitive model of trust in e-commerce: Evidence from a field study in China[J]. Journal of Applied Business Research, 2010,26(1):37-44.

[54] Geissler G L,Zinkhan G M,and Watson R T. The influence of home page complexity on consumer attention,attitudes,and purchase intent [J]. Journal of Advertising,2006,35(2):69-80.

[55] Geissler,Gary L. Building customer relationships online:The web site

designers' perspective[J]. Journal of Consumer Marketing, 2001, 18 (6): 488-502.

[56] Gelse S, Baden C. Putting the image back into the frame: Modeling the linkage between visual communication and frame-processing theory[J]. Communication Theory, 2015, 25(1): 46-69.

[57] Gopal R D, Hidaji H, Patterson R A, et al. How much to share with third parties? User privacy concerns and website dilemmas[J]. MIS Quarterly, 2018, 42(1): 143-164.

[58] Grammer K, Thornhill R. Human (Homo Sapiens) facial attractiveness and sexual selection: The role of symmetry and averageness[J]. Journal of Comparative Psychology, 1994, 108(3): 233.

[59] Gregg D G, Walczak S. Dressing your online auction business for success: An experiment comparing two eBay businesses[J]. MIS Quarterly, 2008, 32(3): 653-670.

[60] Hair J F, Ringle C M, Sarstedt M. PLS-SEM: Indeed a silver bullet [J]. Journal of Marketing Theory & Practice, 2011, 19(2): 139-152.

[61] Hair J F J, Anderson R E, Tatham L, et al. Multivariate data analysis with readings [M]. NJ: Prentice-Hall, Inc., 1995: 745.

[62] Haryono S, Suharyono, Achmad F D H, et al. The effects of service quality on customer satisfaction, customer delight, trust, repurchase intention, and word of mouth[J]. Journal of Business Inquiry, 2015 (12): 36-48.

[63] Hasan B. Perceived irritation in online shopping: The impact of website design characteristics[J]. Computers in Human Behavior, 2016, 54: 224-230.

[64] Hayder R N B. Analyzing website characteristics that influences consumer buying behavior[J]. Global Journal of Management and Business Research:E Marketing,2017,17(3):39-49.

[65] Hekkert P, Leder, H. Product aesthetics[J]. Product Experience, 2008:259-285.

[66] Hoekstra J C, Huizingh E K, Bijmolt T H, et al. , Providing information and enabling transactions: Which website function is more important for success? [J]. Journal of Electronic Commerce Research,2015,16(2):81-94.

[67] Hsieh M T, Tsao W C. Reducing perceived online shopping risk to enhance loyalty: a website quality perspective[J]. Journal of Risk Research,2014,17(2):241-261.

[68] Hsu C-L, and Lin J C-C. Acceptance of blog usage: The roles of technology acceptance, social influence and knowledge sharing motivation [J]. Information & Management,2008,45(1):65-74.

[69] Hsu C-L, and Lin J C-C. An empirical examination of consumer adoption of internet of things services: Network externalities and concern for information privacy perspectives[J]. Computers in Human Behavior, 2016,62:516-527.

[70] Huang Y, Lim K H, Lin Z, et al. Large online product catalog space indicates high store price: Understanding customers' overgeneralization and illogical inference[J]. Information Systems Research, 2019, 30(3):963-979.

[71] Iqbal A. Effect of relationship quality on customer loyalty[J]. International Journal of Information Business & Management,2014,6

(2):41-52.

[72] James T L, E D. Villacis Calderon, and Cook D F. Exploring patient perceptions of healthcare service quality through analysis of unstructured feedback[J]. Expert Systems with Applications, 2017, 71: 479-492.

[73] Jeon M M, Jeong M. Customers' perceived website service quality and its effects on e-loyalty[J]. International Journal of Contemporary Hospitality Management, 2017, 29(1): 438-457.

[74] Jeon M M, Jeong M. Influence of website quality on customer perceived service quality of a lodging website[J]. Journal of Quality Assurance in Hospitality & Tourism, 2016, 17(4): 453-470.

[75] Jeong M, Lambert C U. Adaptation of an information quality framework to measure customers' behavioral intentions to use lodging web sites[J]. International Journal of Hospitality Management, 2001, 20(2): 129-146.

[76] Jia J S, Shiv B, Rao S. The product-agnosia effect: How more visual impressions affect product distinctiveness in comparative choice[J]. Journal of Consumer Research, 2014, 41: 342-360.

[77] Jia L, Cegielski C, Zhang Q. The effect of trust on customers' online repurchase intention in consumer-to-consumer electronic commerce [J]. Journal of Organizational and End User Computing, 2014, 26(3): 65-86.

[78] Jones C, Soyoung K. Influences of retail brand trust, off-line patronage, clothing involvement and website quality on online apparel shopping intention[J]. International Journal of Consumer Studies. 2010, 34(6): 627-637.

[79] Jung Y, et al. Identifying key hospital service quality factors in online

health communities[J]. Journal of Medical Internet Research, 2015, 17(4): e90.

[80] Kang B M Y, Jung K. The effect of online external reference price on perceived price, store image, and risk[J]. Journal of Business Inquiry, 2015, 14(1): 41-58.

[81] Kang Y S, Lee H. Understanding the role of an IT artifact in online service continuance: An extended perspective of user satisfaction[J]. Computers in Human Behavior, 2010, 26(3): 353-364.

[82] Kano N, Seraku N, Takahashi F, et al. Attractive quality and must-be quality[J]. Journal of Japanese Society for Quality Control, 1984, 14: 39-48.

[83] Kaplan S, Kaplan R, and Wendt J S. Rated preference and complexity for natural and urban visual material[J]. Attention, Perception, & Psychophysics, 1972, 12(4): 354-356.

[84] Kettinger W J, and Lee C C. Pragmatic perspectives on the measurement of information systems service quality[J]. MIS Quarterly, 1997, 21(2): 223-240.

[85] Kettinger W J, and Lee C C. Zones of tolerance: Alternative scales for measuring information systems service quality[J]. MIS Quarterly, 2005, 29(4): 607-623.

[86] Kim E, Tadisina S A. Model of customers' initial trust in unknown online retailers: An empirical study[J]. International Journal of Business Information Systems, 2010(4): 419-443.

[87] Kim H W, Chan H C, Chan Y P. A balanced thinking-feelings model of information systems continuance[J]. International Journal of Human-

Computer Studies,2007,65(6):511-525.

[88] Kim H, Niehm L S. The impact of website quality on information quality, value, and loyalty intentions in apparel retailing[J]. Journal of Interactive Marketing,2009,23(3):221-233.

[89] Kim J, Lennon S J. Effects of reputation and website quality on online consumers' emotion, perceived risk and purchase intention[J]. Journal of Research in Interactive Marketing,2013,7(1):33-56.

[90] Kim M, et al. The effects of service interactivity on the satisfaction and the loyalty of smartphone users[J]. Telematics and Informatics, 2015,32(4):949-960.

[91] Kim S, Park H. Effects of various characteristics of social commerce (s-commerce) on consumers' trust and trust performance[J]. International Journal of Information Management,2013,33(2):318-332.

[92] Kim S, Stoel L. Dimensional hierarchy ofretail website quality[J]. Information & Management,2004,41(5):619-633.

[93] Kincl T, and Starch P. Measuring website quality: Asymmetric effect of user satisfaction[J]. Behaviour & Information Technology,2012, 31(7):647-657.

[94] Kuan H H, Bock G W, Vathanophas V. Comparing the effects of website quality on customer initial purchase and continued purchase at e-commerce websites[J]. Behaviour & Information Technology, 2008,27(1):3-16.

[95] Kuhlthau C C. Inside the search process: Information seeking from the user's perspective[J]. Journal of the American Society for Information Science & Technology,1991,42(5):361-371.

[96] Kulshreshtha K, Tripathi V, Bajpai N. Impact of brand cues on young consumers' preference for mobile phones: A conjoint analysis and simulation modelling[J]. Journal of Creative Communications, 2017, 12(3): 205-222.

[97] Kuo Y F. Integrating Kano's model into web-community service quality[J]. Total Quality Management & Business Excellence, 2004, 15(7): 925-939.

[98] Kwak D H, Ramamurthy K R, Nazareth D L. Beautiful is good and good is reputable: Multiple-attribute charity website evaluation and initial perceptions of reputation under the halo effect[J]. Journal of the Association for Information Systems, 2019, 20(11): 1611-1649.

[99] Lang A, Zhou, Shu-hua, and Schwartz N. The effects of edits on arousal, attention, and memory for television messages: When an edit is an edit can an edit be too much? [J]. Journal of Broadcasting & Electronic Media, 2000, 44(1): 94-109.

[100] Lavie T, Tractinsky N. Assessing dimensions of perceived visual aesthetics of web sites[J]. International Journal of Human-Computer Studies, 2004, 60(3): 269-298.

[101] Lee M-C. Explaining and predicting users' continuance intention toward e-learning: An extension of the expectation-confirmation model[J]. Computers & Education, 2010, 54(2): 506-516.

[102] Lee S, Kim B G. The impact of qualities of social network service on the continuance usage intention[J]. Management Decision, 2017, 55(4): 701-729.

[103] Lee Y, Kwon O. Intimacy, familiarity and continuance intention: An

extended expectation-confirmation model in web-based services[J]. Electronic Commerce Research and Applications, 2011, 10 (3): 342-357.

[104] Lemire M, et al. Determinants of Internet use as a preferred source of information on personal health [J]. International Journal of Medical Informatics, 2008, 77(11): 723-734.

[105] Li L, et al. An empirical study on the influence of economy hotel website quality on online booking intentions [J]. International Journal of Hospitality Management, 2017, 63: 1-10.

[106] Li Y M, Yer Y S. Increasing trust in mobile commerce through design aesthetics[J]. Computers in Human Behavior, 2010, 26(4): 673-684.

[107] Liao C, Chen J L, and Yen D C. Theory of planning behavior (TPB) and customer satisfaction in the continued use of e-service: An integrated model[J]. Computers in Human Behavior, 2007, 23(6): 2804-2822.

[108] Limayem M, Cheung C M K. Understanding information systems continuance: The case of Internet-based learning technologies[J]. Information & Management, 2008, 45(4): 227-232.

[109] Lin C S S, Wu and Tsai R J. Integrating perceived playfulness into expectation-confirmation model for web portal context[J]. Information & Management, 2005, 42(5): 683-693.

[110] Lin H-F. An empirical investigation of mobile banking adoption: The effect of innovation attributes and knowledge-based trust [J]. International Journal of Information Management, 2011, 31 (3):

252-260.

[111] Lin K M. Predicting Asian undergraduates' intention to continue using social network services from negative perspectives[J]. Behaviour & Information Technology,2015,34(9):882-892.

[112] Lin K-M. E-Learning continuance intention: Moderating effects of user e-learning experience[J]. Computers & Education, 2011, 56 (2):515-526.

[113] Liu Y, Li H, Hu F. Website attributes in urging online impulse purchase: An empirical investigation on consumer perceptions[J]. Decision Support Systems,2013,55(3):829-837.

[114] Loiacono E T, Watson R T, Goodhue D L. WebQual: A measure of website quality[J]. Marketing Theory and Applications, 2002, 13 (3):432-438.

[115] Loiacono E T, Watson R T, Goodhue D L. WebQual: An instrument for consumer evaluation of web sites[J]. International Journal of Electronic Commerce,2007,11(3):51-87.

[116] Longstreet P. Evaluating Website Quality: Applying cue utilization Theory to WebQual [EB/OL]. (2010-03-11)[2020-01-10]. https://ieeexplore. ieee. org/document/5428720.

[117] Lowry P B, Vance A, Moody G, et al. Explaining and predicting the impact of branding alliances and web site quality on initial consumer trust of e-commerce web sites[J]. Journal of Management Information Systems,2008,24(4):199-224.

[118] Lu J. Are personal innovativeness and social influence critical to continue with mobile commerce? [J]. Internet Research, 2014, 24

(2):134-159.

[119] Luo J,Ba S,Zhang H. The effectiveness of online shopping characteristics and well-designed websites on satisfaction [J]. MIS Quarterly,2012,36(4):1131-1144.

[120] Ma Q G,Wang K. The effect of positive emotion and perceived risk on usage intention to online decision aids[J]. Cyberpsychology & Behavior,2009,12(5):529-532.

[121] Maraqa M, Rashed A. Users' attitudes towards website characteristics [J]. International Journal of Scientific & Engineering Research, 2018,9(7):407-412.

[122] McKinney, Yoon V K, and Zahedi F. The measurement of web-customer satisfaction: An expectation and disconfirmation approach [J]. Information Systems Research,2002,13(3):296-315.

[123] Meesala A,Paul J. Service quality,consumer satisfaction and loyalty in hospitals: Thinking for the future[J]. Journal of Retailing and Consumer Services,2018(40):261-269.

[124] Mehrabian A, Russell J A. An approach to environmental psychology [M]. Cambridge,MIT,1974:222-253.

[125] Meyer T, Barnes D C, Friend S B. The role of delight in driving repurchase intentions[J]. Journal of Personal Selling & Sales Management, 2017,37(1):61-71.

[126] Moshagen M, Thielsch M T. Facets of visual aesthetics [J]. International Journal of Human-Computer Studies, 2010, 68 (10): 689-709.

[127] Moustakis V, Tsironis L, Litos C. A model of web site quality

assessment[J]. Quality Management Journal,2006,13(2):22-37.

[128] Naami A,Hezarkhani S. The impact of emotion on customers' behavioral responses[J]. Revista Publicando,2018,15(2):679-710.

[129] Naiji L, Hong W. Exploring the impact of word-of-mouth about Physicians' service quality on patient choice based on online health communities[J]. BMC Medical Informatics & Decision Making,2016 (16):1-10.

[130] Nambisan P, et al. Social support and responsiveness in online patient communities: Impact on service quality perceptions [J]. Health Expectations,2016,19(1):87-97.

[131] Nath A K,Singh R. Evaluating the performance and quality of web services in electronic marketplace[J]. E-Service Journal,2010,7(1): 43-59.

[132] Nettleton S,Burrows R. Escaped medicine? Information, reflexivity and health [J]. Critical Social Policy,2003,23(2):165-185.

[133] Ngo D C L,Byrne J G. Application of an aesthetic evaluation model to data entry screens[J]. Computers in Human Behavior, 2001, 17 (2):149-185.

[134] Ngo D C L, Teo L S, and Byrne J G. Modelling interface aesthetics [J]. Information Sciences,2003,52:25-46.

[135] Nishant R,Srivastava S C,and Teo T S H. Using polynomial modeling to understand service quality in e-government websites [J]. MIS Quarterly,2019,43(3):807-826.

[136] Oatley K, Keltner D, Jenkins J M. Understanding emotions[M]. 2nd ed. Oxford, Blackwell Publishing,2006.

[137] Ochsner K N. Are affective events richly recollected or simply familiar? The experience and process of recognizing feelings past. [J]. Journal of Experimental Psychology General,2000,129(2):242-261.

[138] Oghuma A P, et al. An expectation-confirmation model of continuance intention to use mobile instant messaging[J]. Telematics and Informatics, 2016,33(1):34-47.

[139] Oh J,Fiorito S,Choc H. Effects of design factors on store image and expectation of merchandise quality in web-based stores[J]. Journal of Retailing and Consumer Services,2008,15(4):237-249.

[140] Oliver R L. A cognitive model of the antecedents and consequences of satisfaction decisions[J]. Journal of Marketing Research,1980,17 (4):460-469.

[141] Olson J C,Jacoby J. Cue utilization in the quality perception process [C]//M V. Proceedings of The Third Annual Convention of The Association for Consumer Research. Chicago: The Association For Consumer,1972:167-179.

[142] Ortiz De Guinea A,Markus M L. Why break the habit of a lifetime? Rethinking the roles of intention, habit, and emotion in continuing information technology use [J]. MIS Quarterly, 2009, 33 (3): 433-444.

[143] Palmer J W. Web site usability, design, and performance metrics[J]. Information Systems Research,2002,13(2):151-167.

[144] Pandey S K, Hart J J, Pandey S. Women's health and the internet: Understanding emerging trends and implications [J]. Social Science & Medicine,2003,56(1):179-191.

[145] Pandir M, Knight J. Homepage aesthetics: The search for preference factors and the challenges of subjectivity [J]. Interacting with Computers, 2006, 18(6): 1351-1370.

[146] Parboteeah D V, Valacich J S, Wells J D. The influence of website characteristics on a consumer's urge to buy impulsively[J]. Information Systems Research, 2009, 20(1): 60-78.

[147] Park M, et al. Why do young people use fitness apps? Cognitive characteristics and app quality[J]. Electronic Commerce Research, 2018, 18(4): 755-761.

[148] Parthasarathy M, Bhattacherjee A. Understanding post-adoption behavior in the context of online services[J]. Information Systems Research, 1998, 9(4): 362-379.

[149] Pavlou P A, Huigang L, Yajiong X. Understanding and mitigating uncertainty in online exchange relationships: A principal-agent perspective [J]. MIS Quarterly, 2007, 31(1): 105-36.

[150] Peters E, et al. Affect and decision making: A "hot" topic[J]. Journal of Behavioral Decision Making, 2006, 19(2): 79-85.

[151] Pezoldt K, Michaelis A, Roschk H, et al. The differential effects of extrinsic and intrinsic cue-utilization in hedonic product consumption: An empirical investigation[J]. Journal of Business and Economics, 2014, 5(8): 1282-1293.

[152] Pi S-M, Liao H L, Chen H M. Factors that affect consumers' trust and continuous adoption of online financial services[J]. International Journal of Business and Management, 2012, 7(9): 108.

[153] Piqueras-Fiszman B, Velasco C, and Salgado-Montejo A. Using

combined eye tracking and word association in order to assess novel packaging solutions: A case study involving jam jars [J]. Food Quality & Preference,2013,28(1):328-338.

[154] Porat T, Tractinsky N. It's a pleasure buying here: The effects of web-store design on consumers' emotions and attitudes[J]. Human-Computer Interaction,2012(27):235-276.

[155] Preacher K J, Hayes A F. SPSS and SAS procedures for estimating indirect effects in simple mediation models[J]. Behavior Research Methods Instruments & Computers,2004,36(4):717-731.

[156] Qasem A, Baharun R, Yassin A. The role of extrinsic product cues in consumers' preferences and purchase intentions: Mediating and moderating effects[J]. TEM Journal,2016,5(1):85.

[157] Rahimnia F, Hassanzadeh J F. The impact of website content dimension and e-trust on e-marketing effectiveness: The case of Iranian commercial saffron corporations[J]. Information & Management, 2013, 50(5): 240-247.

[158] Razak N S A, Marimuthu M, Omar A, et al. Trust and repurchase intention on online tourism services among Malaysian consumers [J]. Procedia-Social and Behavioral Sciences,2014,130:577-582.

[159] Reber R, Winkielman P, and Schwarz N. Effects of perceptual fluency on affective judgments[J]. Psychological Science,1998,9(1):45-48.

[160] Recarte M A, Nunes L M. Mental workload while driving: Effects on visual search, discrimination, and decision making [J]. Journal of Experimental Psychology: Applied,2003,9(2):119-137.

[161] Reghuthaman K V, Gupta D M. Exploring the critical website

characteristics and their influence on the online shopping adoption of consumers in Mumbai [J]. International Journal of Management Studies, 2018, 3(8): 39-47.

[162] Riaz A, Gregor S, and Lin A. Biophilia and biophobia in website design: Improving internet information dissemination(J). Information & Management, 2018, 55(2): 199-214.

[163] Riaz A, Gregor S, Dewan S, et al. The interplay between emotion, cognition and information recall from websites with relevant and irrelevant images: A Neuro-IS study[J]. Decision Support Systems, 2018, 111(7): 113-123.

[164] Richard M O. Modeling the impact of internet atmospherics on surfer behavior[J]. Journal of Business Research, 2005, 58(12): 1632-1642.

[165] Richardson I P S, Dick A S, Jain A K. Extrinsic and intrinsic cue effects on perceptions of store brand quality[J]. Journal of Marketing, 1994, 58(4): 28-36.

[166] Rizwan M, Aslam A, Rahman M U, et al. Impact of green marketing on purchase intention: An empirical study from Pakistan [J]. Procedia-Social and Behavioral Sciences, 2013, 3(2): 87-100.

[167] Rose G M, Straub D W. The effect of download time on consumer attitude toward the e-service retailer[J]. E-Service, 2001(1): 55-76.

[168] Russell J A. Affective space is bipolar[J]. Journal of Personality & Social Psychology, 1979, 37(3): 345-356.

[169] Schwarz N. Emotion, cognition, and decision making[J]. Cognition & Emotion, 2000, 14(4): 433-440.

[170] Seckler M, Heinz S, Forde S, et al. Trust and distrust on the web: User experiences and website characteristics[J]. Computers in Human Behavior, 2015, 45: 39-50.

[171] Seckler M, Opwis K, and Tuch A N. Linking objective design factors with subjective aesthetics: An experimental study on how structure and color of websites affect the facets of users' Visual aesthetic perception[J]. Computers in Human Behavior, 2015, 49: 375-389.

[172] Seddon P B. A Respecification and extension of the DeLone and McLean model of IS success[J]. Information Systems Research, 1997, 8(3): 240-253.

[173] Seo K K, Lee S, and Chuang B D, et al. Users' emotional valence, arousal, and engagement based on perceived usability and aesthetics for web sites[J]. International Journal of Human-Computer Interaction, 2015, 31(1): 72-87.

[174] Seo K K, Lee S, Chung B D, et al. Users' emotional valence, arousal, and engagement based on perceived usability and aesthetics for web sites[J]. International Journal of Human-Computer Interaction, 2015, 31(1): 72-87.

[175] Setterstrom A J, Parson J M, and Orwig R A. Web-enabled wireless technology: An exploratory study of adoption and continued use intentions[J]. Behaviour & Information Technology, 2013, 32(11): 1139-1154.

[176] Shen Y, Sun H, Cheng S H, et al. Facilitating complex product choices on e-commerce sites: An unconscious thought and circadian preference perspective[J]. Decision Support Systems, 2020, 137: 113365.

[177] Shin J I, et al. The effect of site quality on repurchase intention in Internet shopping through mediating variables: The case of university students in South Korea[J]. International Journal of Information Management, 2013, 33(3): 453-463.

[178] Siu-cheung C, Ming-te L. Understanding internet banking adoption and use behavior: A Hong Kong perspective[J]. Journal of Global Information Management, 2004. 12(3): 21-43.

[179] Sonderegger A, Sauer J, and Eichenberger J. Expressive and classical aesthetics: Two distinct concepts with highly similar effect patterns in user-artifact interaction[J]. Behaviour & Information Technology, 2014, 33(11): 1180-1191.

[180] Spencer J M, Sheridan S C. Web-based hypothermia information: A critical assessment of Internet resources and a comparison to peer-reviewed literature[J]. Perspectives in Public Health, 2014, 135(2): 85-91.

[181] Gounaris S, Dimitriadis S, Stathakopoulos V. Antecedents of perceived quality in the context of internet retail stores[J]. Journal of Marketing Management, 2005, 21(7-8): 669-700.

[182] Stoel L, Im H, and Lennon S J. The perceptual fluency effect on pleasurable online shopping experience[J]. Journal of Research in Interactive Marketing, 2010, 4(4): 280-295.

[183] Sun P D A, Cardenas, and Harrill R. Chinese customers' evaluation of travel website quality: A decision-tree analysis[J]. Journal of Hospitality Marketing & Management, 2016, 25(4): 476-497.

[184] Susanto A, Chang Y, and Ha Y. Determinants of continuance intention to

use the smartphone banking services an extension to the expectation-confirmation model[J]. Industrial Management & Data Systems, 2016,116(3):508-525.

[185] Tamara dinev,Paul hart. Internet privacy concerns and social awareness as determinants of intention to transact[J]. International Journal of Electronic Commerce,2005,10(2):7-29.

[186] Tan K C,Shen X X. Integrating Kano's model in the planning matrix of quality function deployment [J]. Total Quality Management, 2000,11(8):1141-1151.

[187] Tandon U R, Kiran and Sah A N. Customer satisfaction as mediator between website service quality and repurchase intention: An emerging economy case[J]. Service Science,2017,9(2):106-120.

[188] Taner T, Antony J. Comparing public and private hospital care service quality in Turkey [J]. Leadership in Health Services, 2006, 19 (2): 1-10.

[189] Thanajaro O N. Exploring the interaction effects between country of manufacture and country of design within the context of the sportswear industry in Thailand[M]. London:Brunel University,2016:2-3.

[190] Thielsch M T,Hirschfeld G. Facets of website content[J]. Human-Computer Interaction,2019,34(4):279-327.

[191] Thong J Y L,Hong S J,and Tam K Y. The effects of post-adoption beliefs on the expectation-confirmation model for information technology continuance[J]. International Journal of Human-Computer Studies, 2006,64(9):799-810.

[192] Todd W P A. A theoretical integration of user satisfaction and

technology acceptance[J]. Information Systems Research, 2005, 16 (1): 85-102.

[193] Treisman A M. Selective attention in man [J]. British Medical Bulletin, 1964(20): 12-16.

[194] Tsai W H, Chou W C, and Lai C W. An effective evaluation model and improvement analysis for national park websites: A case study of Taiwan[J]. Tourism Management, 2010, 31(6): 936-952.

[195] Tseng S M. Exploring the intention to continue using web-based self-service[J]. Journal of Retailing and Consumer Services, 2015 (24): 85-93.

[196] Udo G J, Bagchi K K, Kirs P J. An assessment of customers' e-service quality perception, satisfaction and intention [J]. International Journal of Information Management, 2010, 30(6): 481-492.

[197] Vance A, Elie-dit-cosaque C, Straub D W. Examining trust in information technology artifacts: The effects of system quality and culture[J]. Journal of Management Information Systems, 2008, 24 (4): 73-100.

[198] Venkatesh V, Davis F D. A theoretical extension of the technology acceptance model: Four longitudinal field studies [J]. Management Science, 2000, 46(2): 186-204.

[199] Venkatesh V, Brown S A, Maruping L M, et al. Predicting different conceptualizations of system use: The competing roles of behavioral intention, facilitating conditions, and behavioral expectation[J]. MIS Quarterly, 2008, 32(3): 483-502.

[200] Venkatesh V. Determinants of perceived ease of use: Integrating

control, intrinsic motivation, and emotion into the technology acceptance model[J]. Information Systems Research, 2000, 11(4): 342-365.

[201] Vetter P, Newen A. Varieties of cognitive penetration in visual perception. [J]. Consciousness & Cognition, 2014, 27: 62-75.

[202] Wakefield R L, Stocks M H, Wilder W M. The role of web site characteristics in initial trust formation [J]. Data Processor for Better Business Education, 2016, 45(1): 94-103.

[203] Wang H, Du R, Olsen T. Feedback mechanisms and consumer satisfaction, trust and repurchase intention in online retail [J]. Information Systems Management, 2018, 35(3): 201-219.

[204] Wang Q, Yang Y, and Wang Q. The effect of human image in B2C website design: An eye-tracking study [J]. Enterprise Information Systems, 2014, 8(5): 582-605.

[205] Wells J D, Parboteeah V, and Valacich J S. Online impulse buying: Understanding the interplay between consumer impulsiveness and website quality [J]. Journal of the Association for Information Systems. 2011, 12(1): 32-56.

[206] Wells J D, Valacich J S, and Hess T J. What signal are you sending? How website quality influences perceptions of product quality and purchase intentions[J]. MIS Quarterly. 2011, 35(2): 373-A318.

[207] Wilson A, Chatterjee A. The assessment of preference for balance: Introducing a new test[J]. Empirical Studies of the Arts, 2005, 23(2): 165-180.

[208] Wold H. Partial least squares[J]. Encyclopedia of Statistical Sciences, 1985(6), 581-591.

[209] Wolfinbarger M,Gilly M C. EtailQ:Dimensionalizing,measuring and predicting etail quality[J]. Journal of Retailing,2003,79(3):183-198.

[210] Wulf K D,Schillewaert N,Muylle S,et al. The role of pleasure in web site success[J]. Information and Management,2006,43(4):434-446.

[211] Xia H,Pan X,Zhou Y,et al. Creating the best first impression: Designing online product photos to increase sales[J]. Decision Support Systems,2020,131:113235.

[212] Xu H,Teo H H,Tan B C Y,et al. The role of push-pull technology in privacy calculus:The case of location-based services[J]. Journal of Management Information Systems,2009,26(3):135-174.

[213] Xu W. Enhanced ergonomics approaches for product design:A user experience ecosystem perspective and case studies[J]. Ergonomics, 2014,57(1):34-51.

[214] Yoo B,Donthu N. Developing a scale to measure the perceived quality of an internet shopping site (sitequal)[J]. Quarterly Journal of Electronic Commerce,2001,2(1):31-46.

[215] Zhang H,et al. Understanding group-buying websites continuance an extension of expectation confirmation model[J]. Internet Research, 2015,25(5):767-793.

[216] Zhang P. The affective response model:A theoretical framework of affective concepts and their relationships in the ICT context[J]. Social Science Electronic Publishing,2013,37(1):247-274.

[217] Zhang Y,Chan L. The impacts of website characteristics and customer participation on citizenship behaviors:The mediating role of co-creation

experience in virtual brand communities[J]. Advances in Applied Sociology,2017,7(4):151-164.

[218] Zhao X,Lynch J G,Chen Q. Reconsidering Baron and Kenny:Myths and truths about mediation analysis[J]. Journal of Consumer Research,2010,37(2):197-206.

[219] Zhou F,Jia W W. How a retailer's website quality fosters relationship quality:The mediating effects of parasocial interaction and psychological distance[J]. International Journal of Human-Computer Interaction,2018,34(1):73-83.

[220] Zhou T,Lu Y B,Wang B. The relative importance of website design quality and service quality in determining consumers' online repurchase behavior[J]. Information Systems Management,2009,26(4):327-337.

[221] Zhou Tao,Lu Yaobin,Wang Bin. The relative importance of website design quality and service quality in determining consumers' online repurchase behavior[J]. Information Systems Management. 2009,26(4):327-337.

[222] Zhu F X,Wymer W,and Chen I. IT-based services and service quality in consumer banking[J]. International Journal of Service Industry Management,2002,13(1):69-90.

[223] CNNIC. 2021 年第 47 次中国互联网络发展状况统计报告[R]. 北京:中国互联网络信息中心,2021.

[224] 常亚平,韩丹,姚慧平,等. 在线店铺设计对消费者购买意愿的影响研究[J]. 管理学报,2011,8(6):879-884.

[225] 陈洁,丛芳,康枫. 基于心流体验视角的在线消费者购买行为影响因

素研究[J].南开管理评论,2009,12(2):132-140.

[226] 陈瑞,郑毓煌,刘文静.中介效应分析:原理、程序、Bootstrap 方法及其应用[J].营销科学学报,2013(4):120-135.

[227] 陈云杰.基于患者满意度感知的基层医疗服务质量评价研究[J].价值工程,2013(26):173-175.

[228] 代意玲,顾东晓,陆文星.医院信息系统持续使用意愿研究——基于技术接受模型和期望确认理论[J].计算机科学,2016,43(7):240-244.

[229] 邓胜利,赵海平.国外网络健康信息质量评价:指标、工具及结果研究综述[J].情报资料工作,2017 (1):69-76.

[230] 董庆兴,周欣,毛凤华,等.在线健康社区用户持续使用意愿研究——基于感知价值理论[J].现代情报,2019,39(03):5-16,158.

[231] 高琴.中文健康信息网站的评价[J].中华医学图书情报杂志,2010(2):40-44.

[232] 谷文辉,赵晶.制造企业 IT 资源与电子商务能力关联效应的实证研究[J].管理评论,2009,21(9):62-71.

[233] 李君君,孙建军.基于因子分析的电子商务网站质量维度的实证研究[J].科技管理研究,2009 (10):264-266,278.

[234] 李君君,孙建军.网站质量用户感知及技术采纳行为的实证研究[J].情报学报,2011,30(3):227-236.

[235] 李蒙翔,顾睿,尚小文,等.移动即时通讯服务持续使用意向影响因素研究[J].管理科学,2010,23(5):72-83.

[236] 李武,赵星.大学生社会化阅读 APP 持续使用意愿及发生机理研究[J].中国图书馆学报,2016,42(1):52-65.

[237] 刘震宇,陈超辉.手机银行持续使用影响因素整合模型研究——基于 ECM 和 TAM 的视角[J].现代管理科学,2014(9):63-65.

[238] 陆均良,孙怡,王新丽.移动互联网用户继续使用意愿研究——基于自助游者的视角[J].旅游学刊,2013,28(4):104-110.

[239] 马庆国,付辉建,卞军.神经工业工程:工业工程发展的新阶段[J].管理世界,2012(6):163-168.

[240] 马庆国,王凯,等.积极情绪对用户信息技术采纳意向影响的实验研究——以电子商务推荐系统为例[J].科学学研究,2009,27(10):1557-1563.

[241] 牛宏俐.基于 SERVQUAL 的医疗服务质量评价模型研究[D].华中科技大学,2006.

[242] 彭安芳,车丽,裴雷.公共卫生网站信息资源评价模型设计与应用[J].医学信息学杂志,2013,34(7):7-13.

[243] 彭希羡,冯祝斌,孙霄凌,等.微博用户持续使用意向的理论模型及实证研究[J].现代图书情报技术,2012(11):78-85.

[244] 孙建军,裴雷,刘虹.基于期望确认模型的视频网站持续使用模型构建[J].图书情报知识,2013(5):82-88.

[245] 王惠文,付凌晖.PLS 路径模型在建立综合评价指数中的应用[J].系统工程理论与实践,2004,24(10):80-85.

[246] 王淑翠,黄银芳.基于 SERVQUAL 量表开发住院服务质量测量工具[J].科技通报,2015(11):118-123.

[247] 王哲.社会化问答社区知乎的用户持续使用行为影响因素研究[J].情报科学,2017,35(1):78-83.

[248] 吴佩勋,黄永哲.电子商务网站客户购买意愿影响因素研究——以中国电信电子商务网站为例[J].中山大学学报(社会科学版),2006,46(3):112-117,128.

[249] 殷猛,李琪.整合 ECT 和 IS 成功理论的移动 APP 持续使用意愿研

究——以健康 APP 为例[J]. 大连理工大学学报(社会科学版),2017,38(1):81-87.

[250] 张冕,鲁耀斌. 移动服务持续使用过程中促进因素和抑制因素的平衡研究[J]. 图书情报工作,2012,56(14):135-140.

[251] 张星,陈星,侯德林. 在线健康信息披露意愿的影响因素研究:一个集成计划行为理论与隐私计算的模型[J]. 情报资料工作,2016,37(1):48-53.

[252] 张星,陈星,夏火松,等. 在线健康社区中用户忠诚度的影响因素研究:从信息系统成功与社会支持的角度[J]. 情报科学,2016(3):133-138.

[253] 赵鹏,张晋朝. 在线存储服务持续使用意愿研究——基于用户满意度和感知风险视角[J]. 信息资源管理学报,2015(2):70-78.

[254] 赵宇翔. 知识问答类 SNS 中用户持续使用意愿影响因素的实证研究[J]. 图书馆杂志,2016,35(9):25-37.

[255] 周浩,龙立荣. 共同方法偏差的统计检验与控制方法[J]. 心理科学进展,2004,12(6):942-950.

[256] 周涛,鲁耀斌,张金隆. 移动商务网站关键成功因素研究[J]. 管理评论,2011(6):63-69.